主题动画片

与昆虫奇遇，
发现形形色色的虫子。

百科放映室

精选纪录片单，
探索昆虫的奥秘。

U0376405

昆虫档案馆

微观生命之美，
纵享视觉盛宴。

知识科普站

常见的昆虫，
你都认识哪几个？

走进昆虫王国

微信扫码

开启昆虫世界大冒险！

目　录 | CONTENTS

飞行舞者

攀爬高手

韩雨江　陈　琪◎主编

吉林科学技术出版社

图书在版编目（CIP）数据

昆虫大百科 / 韩雨江，陈琪主编. -- 长春 : 吉林科学技术出版社，2024.4（2025.2 重印）.

ISBN 978-7-5744-1085-5

Ⅰ. ①昆… Ⅱ. ①韩… ②陈… Ⅲ. ①昆虫—儿童读物 Ⅳ. ①Q96-49

中国国家版本馆 CIP 数据核字（2024）第 057347 号

昆虫大百科

KUNCHONG DABAIKE

主　　编　韩雨江　陈　琪
出 版 人　宛　霞
策划编辑　宿迪超
责任编辑　徐海韬
封面设计　郭维维
制　　版　长春美印图文设计有限公司
幅面尺寸　210 mm×285 mm
开　　本　16
印　　张　13
字　　数　150 千字
印　　数　17 001 ~ 22 000 册
版　　次　2024 年 4 月第 1 版
印　　次　2025 年 2 月第 5 次印刷
出　　版　吉林科学技术出版社
发　　行　吉林科学技术出版社
地　　址　长春市福祉大路 5788 号
邮　　编　130118
发行部电话 / 传真　0431-81629529　81629530　81629531
81629532　81629533　81629534
储运部电话　0431-86059116
编辑部电话　0431-81629518
印　　刷　长春新华印刷集团有限公司
书　　号　ISBN 978-7-5744-1085-5
定　　价　49.90 元

目　录 | CONTENTS

飞行舞者

七星瓢虫

七星瓢虫的身体像半个圆球一样，红色的翅膀外层硬硬的，上面生有七个黑色圆点图案，因此被称为七星瓢虫。七星瓢虫是蚜虫的天敌，雌虫会专门寻找有蚜虫的植物并在上面产卵。从幼虫时起，七星瓢虫就开始以蚜虫为食，植物上蚜虫越多，它们吃得就越多，甚至连越冬都不会离蚜虫聚集的地方太远。

吞噬同类

七星瓢虫有吃卵的习性，成虫喜欢吃掉已产下的卵块，幼虫则有互相捕食的习性，同一卵块中早孵出的个体常吃掉尚未孵化的卵粒，大龄幼虫常吃掉小龄幼虫，蛹也常被成虫和大龄幼虫吃掉，在七星瓢虫中，吞噬同类已是司空见惯。

小档案

分类：鞘翅目瓢虫科	分布：我国东北、华北、
特征：鞘翅上有 7 个圆形	华中、西北、华东
黑点	及西南

田间卫士

七星瓢虫是一种捕食类的昆虫。它们拥有非常厉害的口器，会大量捕食蚜虫、臭虫等农业害虫，对农业大有裨益，甚至被人们授予了“活农药”的光荣称号。

台湾窗萤

台湾窗萤是一种仅生活在中国台湾的萤科昆虫。它是一种肉食性昆虫，在从幼虫到成虫的整个阶段中，台湾窗萤都以蜗牛及螺类为食，甚至会捕捉非洲大蜗牛的幼体。台湾窗萤雌虫与雄虫的外观区别很大，只有雄虫才拥有完整的翅膀，可以四处飞。

幼虫阶段

台湾窗萤的幼虫喜欢生活在比较潮湿的地方，通常会钻到湿润的土壤中或是躲到腐烂落叶的下面。这样的环境既可以保证它们不损失水分，也能避免它们被天敌发现。

独特的移动方式

与大多数萤科昆虫的幼虫不同的是，台湾窗萤的幼虫可以用尾足抓住地面来移动。可它们的尾足却不是爪子或昆虫步足的形状，而是类似于小毛刷，依靠毛刷状肌肉的褶皱丛来抓住地面。

台湾窗萤雄虫的翅膀外侧，橙色边缘非常明显。

台湾窗萤的雌虫产卵后，身体会明显变扁。

小档案

分类：鞘翅目萤科	生活环境：潮湿环境
分布：中国台湾	特征：翅边缘呈橘色，尾部能发光

扫码查看
- 知识科普站
- 昆虫档案馆
- 百科放映室
- 主题动画片

蚊子

蚊子是一种生活中非常常见的昆虫，每当夜晚入睡前就会在人耳边嗡嗡飞个不停，非常烦人，是令人讨厌的四害之一。生活在人类身边的雌蚊会叮咬人类，吸食血液，被蚊子叮咬之后的皮肤会出现令人奇痒难耐的肿包。可蚊子的害处不止于此。由于蚊子并不只叮咬人类，它们还会叮咬各种动物，因此会携带许多病菌和病原体，会造成多种疾病的传播，危害人类健康。

水中的童年

蚊子的幼虫叫孑孓（jié jué），是一种生活在水中的昆虫。孑孓依靠吃水中的微生物存活，十几天就能化成蛹，成蛹后再过两天，就会羽化为蚊子成虫。

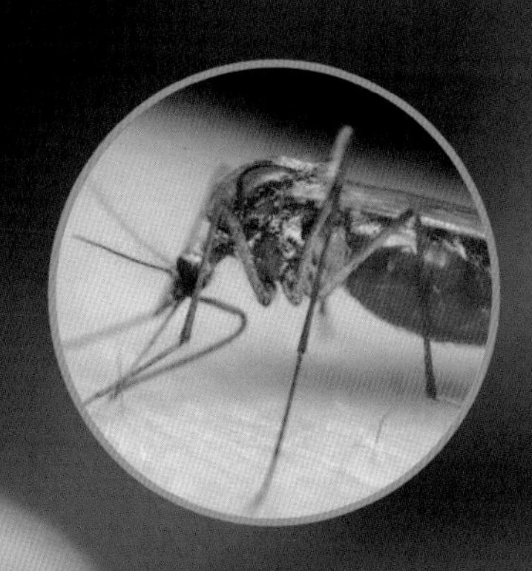

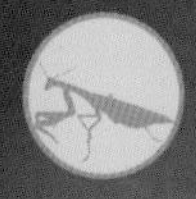 吸血必备品

蚊子之所以能够从血管中吸取血液，是因为它们的唾液。蚊子的唾液中含有许多能够阻止血液凝固的酶，这些酶保证了蚊子在进食过程中不会被凝固的血液堵住口器。

小档案

分类：双翅目蚊科	特征：飞的时候发出嗡嗡的声音
分布：世界各地	

玉带凤蝶

玉带凤蝶是凤蝶科的一种昆虫，主要分布在亚洲、欧洲。玉带凤蝶特别喜欢花，如马缨丹、龙船花、茉莉花等，常在市区、山麓、林缘和花圃等区域出没。

小档案

分类：鳞翅目凤蝶科	生活环境：市区、山麓、林缘和花圃等区域
分布：亚洲、欧洲	

广泛分布

玉带凤蝶的分布范围遍及亚洲和欧洲，它们在巴基斯坦、印度、尼泊尔、斯里兰卡、中国等国家很常见，俄罗斯也有它们的活动轨迹。

美丽的化身

传说梁祝最后幻化为玉带凤蝶，甚至有“读书人去剩荒台，岁岁春风长野苔。山上桃花红似火，一双蝴蝶又飞来”这样的诗词对其进行描绘。

黑脉金斑蝶

黑脉金斑蝶是美洲非常著名的蝴蝶种类之一，黑脉金斑蝶的翅膀呈鲜艳的橘黄色，黑、白、橘三色相间在昆虫界有一种特殊的含义，那就是“小心，我有毒”。黑脉金斑蝶还是会冬眠的蝴蝶，每当天气变冷的时候，它们就会迁徙到树林中冬眠。

漂亮的“童年”时期

黑脉金斑蝶的“童年”时期也非常漂亮。它们的卵呈半透明的奶白色半球形，上面还有规则的竖纹。幼虫则通体被黑、白、黄三色条纹覆盖，非常漂亮。

黑脉金斑蝶的翅膀背面有斑，但斑上无毛。

小档案

分类：鳞翅目蛱蝶科	生活环境：树林中
分布：北美洲南部、中美洲、南美洲北部、大洋洲	特征：翅膀中心呈橘色，边缘呈黑色，边缘上散布不规则白色斑点

黑脉金斑蝶的雄蝶体形比雌蝶大，但翅脉比雌蝶细。

长途旅行

黑脉金斑蝶会像候鸟一样，每年进行一次长距离的迁徙，它们有固定的迁徙路线。

大蓝闪蝶

大蓝闪蝶是整个闪蝶属中最大的一种蝴蝶。它的翅展足有 15 cm 长，与其他闪蝶属蝴蝶一样，它的翅膀在阳光照射下会映射出美丽的光。当一群大蓝闪蝶在阳光下起舞的时候，它们的翅膀就会折射出非常绚丽的金属光泽，因此大蓝闪蝶也被称为“蓝色幻影”。它还会通过快速飞行的方式让翅膀不断闪光，从而吓退天敌。

巴西国蝶

大蓝闪蝶主要生活在中美洲和南美洲的丛林之中，这种绚丽的蝴蝶深受当地人的喜爱。巴西甚至还将大蓝闪蝶当作“国蝶”。

华丽与低调

雄性大蓝闪蝶的翅膀正面有着非常绚丽的金属蓝色，但翅膀背面却是斑驳的棕色，合上翅膀后就能模拟树叶，以防被天敌发现。

小档案	
分类：鳞翅目蛱蝶科	生活环境：丛林中
分布：中美洲和南美洲	特征：翅膀呈蓝色

与其他闪蝶属蝴蝶一样，大蓝闪蝶也只有雄性才拥有蓝色翅膀。

美洲蓝凤蝶

美洲蓝凤蝶属于鳞翅目凤蝶科，身体后面的翅膀上有着美丽而奇妙的蓝色花纹，发出金属般的光泽，十分引人注目。而且，蓝凤蝶翅膀上有不同形状的鳞片，经过阳光的照耀，会散发出美丽的光泽。它前面的足已经退化，十分短小，没有爪子。它主要吃马兜铃的叶片和其他植物，生活在北美洲。

翅膀华丽，翅膀展开为 7.5 ~ 11 cm。

濒危物种

美洲蓝凤蝶在白天活动，闪闪发光，美轮美奂，在北美洲大部分地区出没。正因它如此美丽动人，一直以来是蝴蝶收藏家梦寐以求的珍贵蝴蝶，所以被人类大量捕捉，数量越来越少。

小档案

分类：凤蝶科凤蝶属	特征：后翅上有绚丽的金
分布：北美洲	属般光泽，具有一
食性：植食	排圆斑

飞翔敏捷

美洲蓝凤蝶行动敏捷，它“乱飞”的好处不仅在于干扰捕猎者的预判，还能让捕猎者难以近身。

文蛱蝶

文蛱蝶是一种大型蝴蝶，多分布于缅甸、孟加拉国、中国等国家。它们生活在野外，上午的时候常见它们的身影，因为它们有晒太阳的习惯。它们休息时，偶尔停留在阴暗潮湿的角落或灌木草丛下，一般喜欢集聚在植物上。

聚集性昆虫

文蛱蝶在山间道路旁很难见到，多数是人工养殖的。它们的领地意识很强，在天气炎热的时候，一般在潮湿的地方喝一些污水。而在比较低洼的开阔河滩上，有时可见许许多多的文蛱蝶群集一处，十分壮观。

主要食物

大部分文蛱蝶喜欢吸食花蜜，有些还会吸食特定植物的花蜜。它们特别喜欢吸食马缨丹花的花蜜，水果的汁水同样也是它们的最爱。

文蛱蝶属于大型蝴蝶，它的翅膀很长。

小档案

分类：鳞翅目蛱蝶科	食性：植食
分布：缅甸、孟加拉国、中国等地	特征：雄性文蛱蝶呈黄色，翅边缘有黑色波状条纹

绿带翠凤蝶

绿带翠凤蝶属于鳞翅目凤蝶科。分布于中国、韩国、日本等地。翅膀呈黑色，全翅布满了金绿色的鳞片，特别耀眼。由于美丽的外形，绿带翠凤蝶成了蝶类收藏家们喜爱收藏的蝶种之一，并被冠以“皇后蝶”或“森林绿皇后”的美称。

后翅外缘红斑特别清晰。

不同的生活习性

绿带翠凤蝶经常沿着山路飞行，在溪边或山路湿地处常常能遇见雄性绿带翠凤蝶成群活动；而雌性绿带翠凤蝶喜欢吸食各种花蜜，所以常常出现在花朵上。

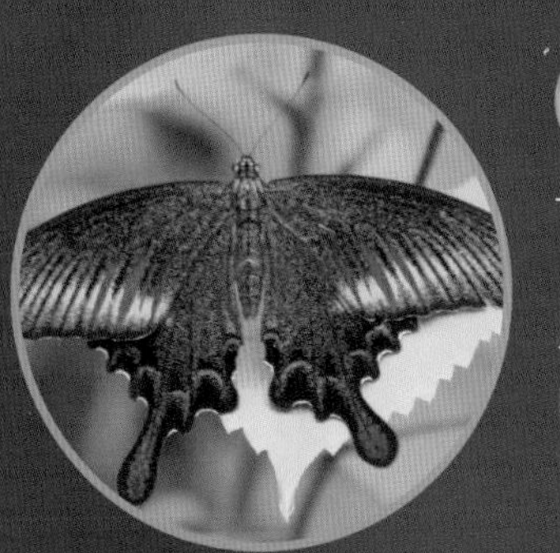

脆弱的羽化期

绿带翠凤蝶成虫在羽化期间不能被触碰，否则，羽化就会失败。想要看到绿带翠凤蝶展翅飞翔的美丽画面，你需要耐心等待 2 ~ 3 小时。

小档案

分类：鳞翅目凤蝶科	分布：中国、韩国、日本等地
特征：全身以蓝绿色为主	

红线蛱蝶

红线蛱蝶属于蛱蝶科，和其他蝴蝶相比，红线蛱蝶翅膀腹面更加暗淡，这会让有些物种将它们误认为枯叶，从而产生迷惑敌人的效果。

前足退化

成虫的前足退化，只能用中、后足爬行。

食性

红线蛱蝶的幼虫摄食水麻、木苎麻、冷清草、水鸡油等植物；成虫喜爱吸食水果汁液。

小档案

分类：鳞翅目蛱蝶科	食性：植食
分布：中国	特征：翅膀中有一排横向分布的白斑

金凤蝶

金凤蝶又名胡萝卜凤蝶。它体态优雅华贵，翅膀颜色鲜艳美丽。它有“会飞的花朵”“昆虫美术家”等多个称号。它的主要食物是茴香、胡萝卜、芹菜的花蕾、嫩叶和嫩芽。它的外表颜色由白色、蓝色、金黄色等多种颜色构成，有光泽，具有很高的观赏价值。

金色花朵

凡是爱搜集蝴蝶的人，都盼望着捉到美丽的金凤蝶。金凤蝶的模样与众不同。漫天飞舞的金凤蝶就像一群美丽的仙女，在空中闪着它们的翅膀，又犹如金色的花朵一般向人们展示它们的美貌！这些蝴蝶色彩斑斓，翅膀上的花纹交错相间，高贵美丽。

小档案

分类：鳞翅目凤蝶科	分布：中国内蒙古、黑龙江、
食性：植食	吉林、辽宁、河北、
特征：翅膀有光泽	河南，欧洲和北美洲

非洲达摩凤蝶

非洲达摩凤蝶，属凤蝶科凤蝶属的一类昆虫。幼虫体长 10 ~ 15 mm，黑黄相间的花纹镶嵌在翅膀上，后翅没有尾突。非洲达摩凤蝶是一种大型凤蝶，生活在非洲撒哈拉沙漠以南，包括马达加斯加。幼虫时期喜欢吃芸香科柑橘属植物和豆类植物，是农林害虫的一种。

翅膀上具有黑黄相间的花纹。

柑橘的天敌

雌性非洲达摩凤蝶会在柑橘属植物的叶子上产卵，对于这种农林害虫来说，可谓近水楼台先得月，面对专属美食——柑橘属植物的叶子，它总是能率先大饱口福。

小档案

分类：鳞翅目凤蝶科	特征：雌蝶的体形比雄蝶大
分布：非洲	

黑美凤蝶

黑美凤蝶体形大，翅膀展开非常长，而且雄性与雌性的外观一般不同。雄蝶身体是黑色的，翅膀有红色斑纹。黑美凤蝶多分布在中国长江以南，也见于日本、印度等国家。黑美凤蝶会危害柑橘、两面针、食茱萸等植物。

黑色美人

黑美凤蝶身体呈黑色，翅膀有红色和黑色两种颜色。后翅狭长，以黑色为主，旁边有红色斑纹，十分美丽。

小档案

分类：鳞翅目凤蝶科	食性：植食
分布：中国长江以南各省，日本、印度等国家	特征：身体黑色，翅膀黑色、红色

飞翔代言人

黑美凤蝶爱访花采蜜，雄蝶活泼且飞行能力强，多在旷野狂飞。雌蝶飞行缓慢，常滑翔式飞行。

橙粉蝶

雄蝶有两种形态，一种前翅正面一半为黑色，另一半为黄色，中部为大块橙色斑，后翅为黄色，外线黑带窄；另一种中部为黄绿色斜带。橙粉蝶幼虫呈圆柱形，蛹在发育时头部朝上，为带蛹。寄主为十字花、豆花、白花菜、蔷薇等。

成虫有2对大且布满鳞片的翅膀。

色彩丰富

橙粉蝶尖尖的“嘴巴”像一个小飞机头，它的背上有黑线，翅膀边缘是黑色的，中心有橙色和黄色两种颜色。

小档案

分类：粉蝶科橙粉蝶属	特征：翅膀边缘呈黑色，中心有橙色、黄色两种颜色
分布：中国	
食性：植食	

生活习性

橙粉蝶属于中小型蝶，在花园中很常见。成虫通过吸食花蜜补充营养。橙粉蝶喜群栖，常和同类聚集在一起。

黄绿鸟翼凤蝶

黄绿鸟翼凤蝶属于鳞翅目凤蝶科，是一种常于日间飞行的大型蝴蝶，是新几内亚岛的特有品种。翅膀上缤纷的色彩和各式各样斑纹来自它的鳞片。它主要取食马兜铃属植物的叶，喜欢滑翔，飞得较缓慢。

一方霸主

黄绿鸟翼凤蝶一般生活在茂密的热带雨林中，在早上和傍晚的时候十分活跃，并会在花间收集食物。它极具领地意识，会赶走自己领地内的敌人，是一方霸主。它的主要食物是花蜜，幼虫时期喜欢吃马兜铃。

黄绿交接

黄绿鸟翼凤蝶的身体有金黄色条纹，翅膀颜色有黄色、绿色和黑色三种颜色，也有一些特殊个体后翅有红色。

小档案

分类：鳞翅目凤蝶科	特征：翅膀有黄色、绿色、黑色三种颜色，也有一些特殊个体后翅有红色
分布：新几内亚岛	
食性：植食	

大帛斑蝶

大帛斑蝶属于蛱蝶科，体形比较大，飞行比较缓慢，而且警觉性低，很容易被人抓住，所以有“大笨蝶”的称号；又因为它飞起来像风筝，所以它又被称为“纸风筝”。

悠闲且迟钝

大帛斑蝶飞行比较缓慢，是一种悠闲的昆虫。当有人靠近时，它也不太容易受到惊扰，所以很容易被人徒手抓住。它身形和颜色也特别美丽，飞起来如风筝一般。

小档案

分类：鳞翅目蛱蝶科	食性：植食
分布：马来半岛、印度尼西亚、中国等	特征：体形比较大，飞行比较缓慢，翅膀大部分为白色，翅纹为黑色

大帛斑蝶的前后翅外缘在黑边中有一列白斑。

统帅青凤蝶

统帅青凤蝶体形为中型，常常出现在树林等地方。它往往在春、夏、秋这三季出现，以蛹的形式过冬。雌蝶在植物上产卵时会很容易被发现。成虫喜爱在各种花朵中吸蜜，例如马缨丹，幼虫以番茄枝属植物为食。

小档案

分类：凤蝶科青凤蝶属	食性：植食
分布：中国南部、东南亚等地区	特征：黑褐色翅膀，绿色斑

统帅青凤蝶的名字来源

统帅青凤蝶名字源于《荷马史诗》中的希腊远征军统帅。统帅青凤蝶雌蝶与雄蝶的花纹相似，但躯干比雄蝶的粗、短。

快速飞行者

统帅青凤蝶是一种非常活跃的蝴蝶，在花丛中也会不断扇动翅膀，很少停下来休息。它们飞行速度非常快，所以不易被捕捉到。

绿尾大蚕蛾

绿尾大蚕蛾是鳞翅目大蚕蛾科的一种中大型蛾类，广泛分布于亚洲。绿尾大蚕蛾体形粗大，成虫身体长 32 ~ 38 mm，翅展长 100 ~ 130 mm。成虫的颜色为豆绿色，翅为粉绿色，前后翅中央各有一个椭圆形眼斑，外侧有一条黄褐色波纹，后翅呈尾状，长约 40 mm。

绿尾大蚕蛾的繁殖

绿尾大蚕蛾喜欢把卵产在叶背或枝干上，有时雌蛾跌落树下，把卵产在土块或草上，常数粒或数十粒产在一起。绿尾大蚕蛾的幼虫行动迟缓，食量大，每只幼虫可食上百片叶子。

小档案

分类：鳞翅目大蚕蛾科	特征：左右翅中央各有一椭圆形眼斑，外侧有 1 条黄褐色波纹，后翅尾状，约 40 mm
分布：亚洲	
食性：植食	

长尾黄蟌

长尾黄蟌系蜻蜓目蟌科黄蟌属蜻蜓。成虫发生期 4 — 10 月，栖息于水草丰茂的水塘、池沼、水库等静水环境。它是细长的飞行昆虫，类似小型的蜻蜓。翅宽，可向尾部收折，翅脉很密。足纤长，分布有刺。

生长繁殖

长尾黄蟌的一生经历卵、若虫和成虫 3 个时期。绝大多数若虫水生，整个身躯细长、苗条、柔美、轻盈。它的脑袋圆圆的，上面长着一双突出的、绿宝石似的大眼睛和一张铁钳似的嘴巴，紧挨着脑袋的是它的身子。交配时雄虫用腹部末端的肛附器捉住雌虫头顶或前胸背板，雄前雌后，一起飞行。

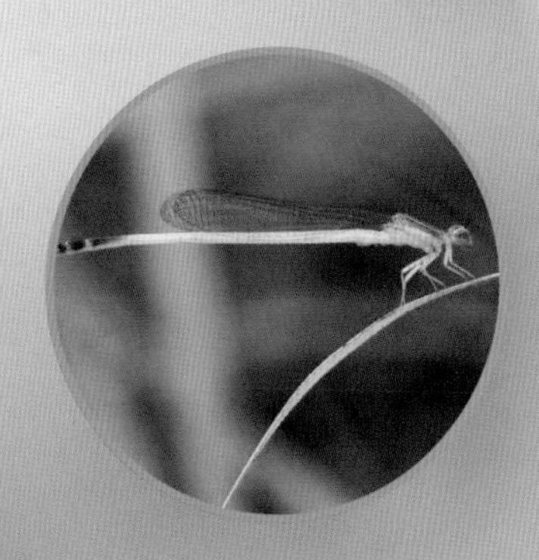

 飞机的源头

长尾黄蟌很美丽，身下 6 条纤细的长脚，支持着全身的重量，尾巴长长地拖在后面，色彩斑斓。它的身体构造和色彩的搭配，都像是完美的艺术创造。想想人类用来翱翔天空的飞机，不也从它身上得到过灵感吗？

小档案

分类：蟌科黄蟌属	食性：植食
分布：中国	特征：头顶暗绿色，侧面黄色

蓝纹尾蟌

蓝纹尾蟌属于蜻蜓目蟌科。它主要分布在中国、朝鲜、日本、印度等地。它最明显的特征就是身体上的蓝色，这种蓝色会随着它的成熟而逐渐加深。

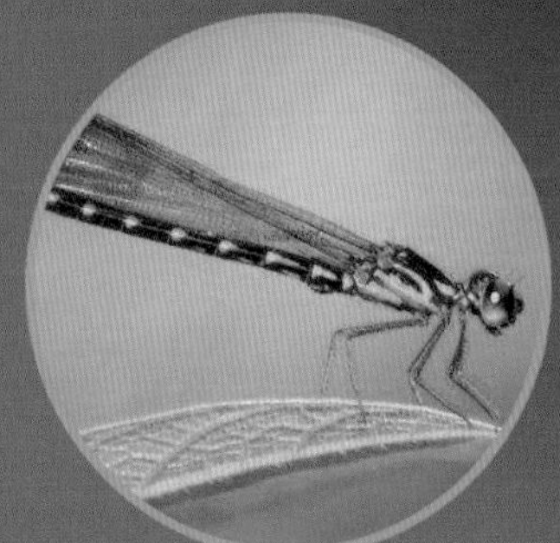

空中小霸王

蓝纹尾蟌像一架小飞机，它小巧玲珑，可以自由在空中飞来飞去，有时还能像直升机那样在空中停留不动，它的飞行技术真是让人惊叹不已，难怪有人叫它“空中小霸王”。

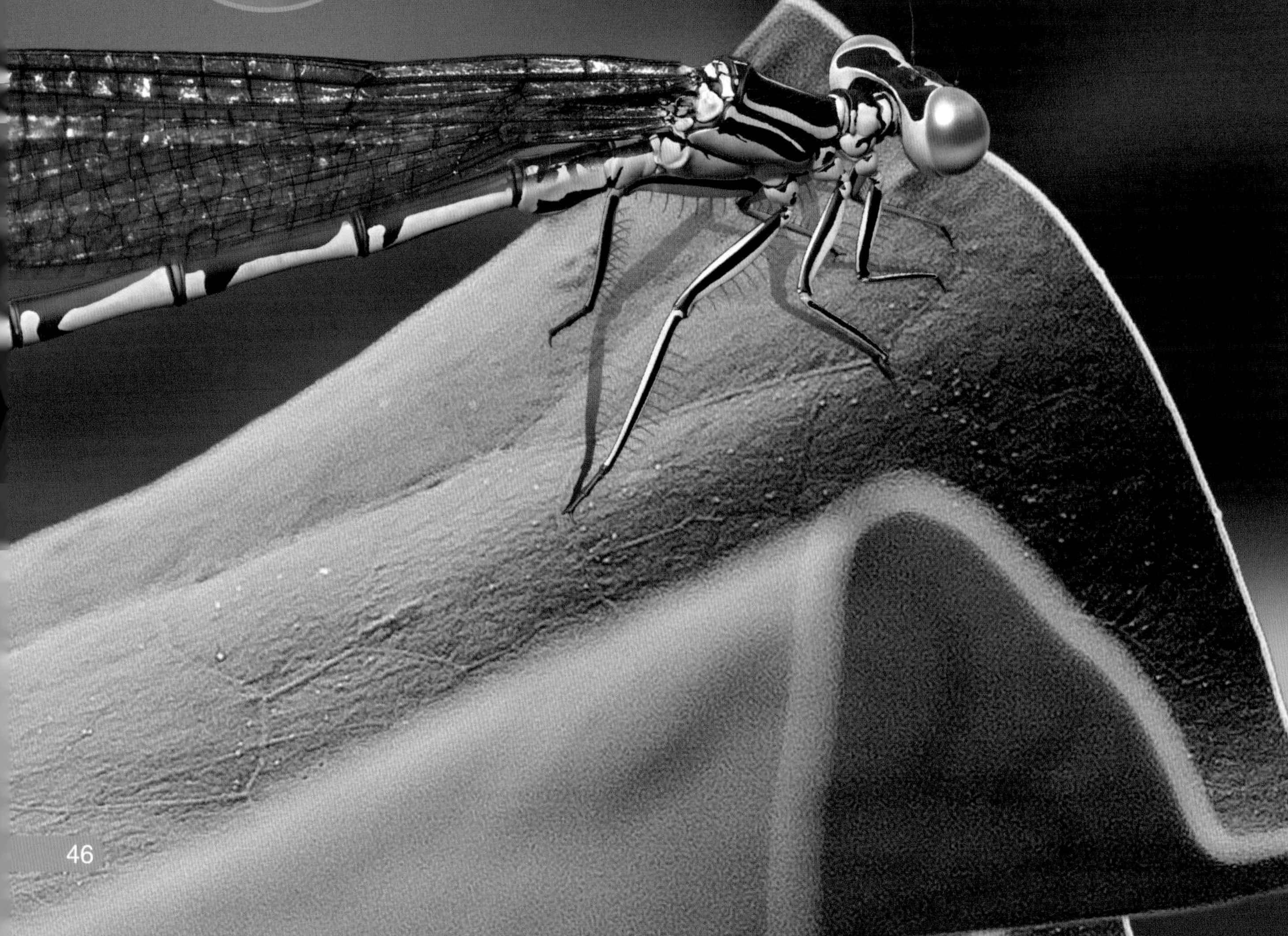

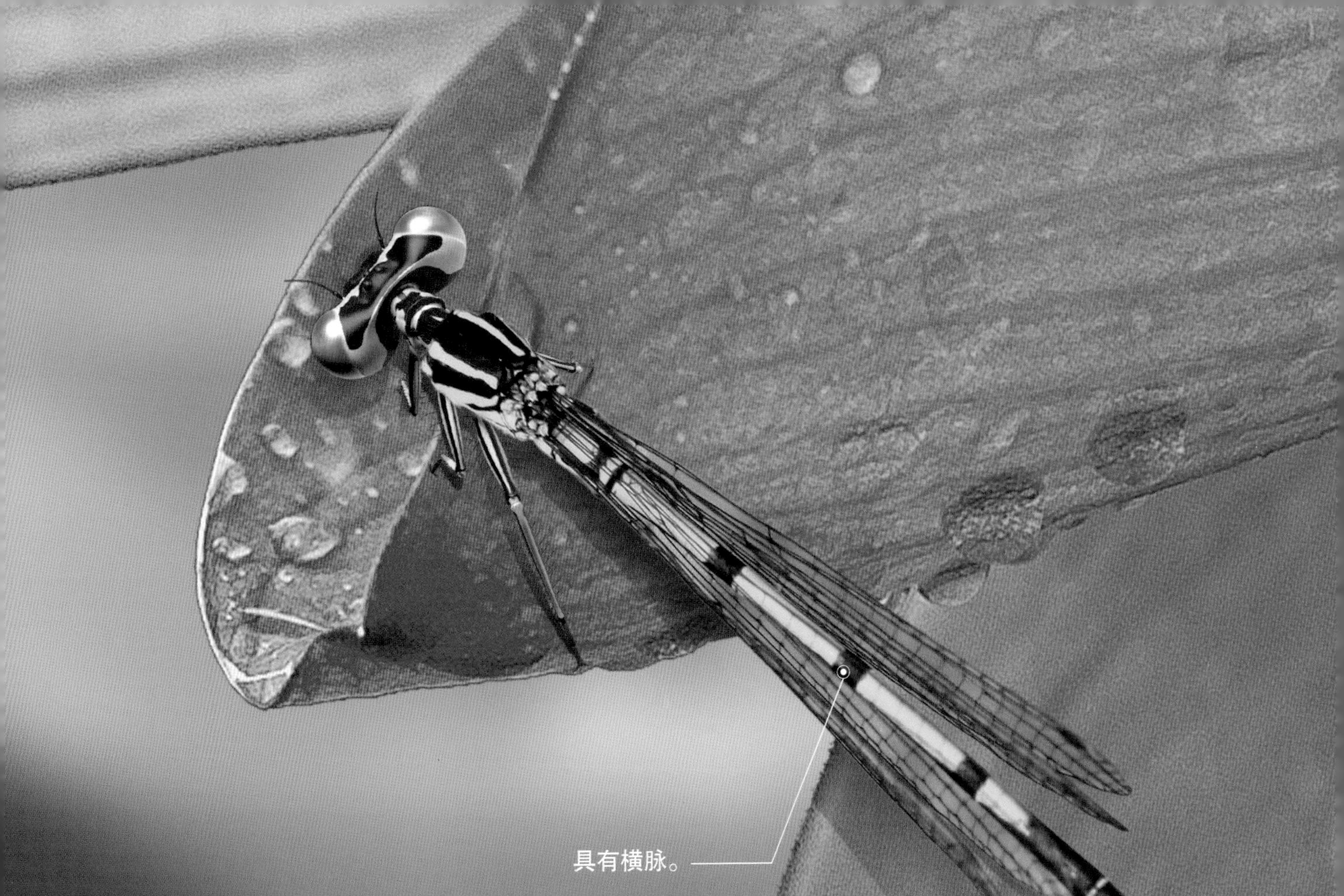

小档案

分类：蜻蜓目蟌科	食性：植食
分布：中国、朝鲜、日本、印度等地	特征：身体有蓝色、黑色两种颜色

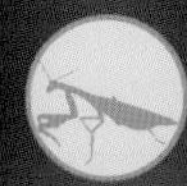 飞行速度惊人

蓝纹尾蟌每秒能飞 1m，并且能连续飞行很长时间不用休息。它们经常成群结队地飞在低空，玻璃般透明的翅膀鼓动着，像一个个轻盈的小精灵。

巨圆臀大蜓

巨圆臀大蜓是大蜓科的一种蜻蜓。腹长 70 ~ 90 mm，后翅长 60 ~ 80 mm。下唇黄褐色，上唇端半部黑色，基半部有两个方形黄斑。雄虫的上肛附器呈黑色，下肛附器较上肛附器短。

优秀的鉴别者

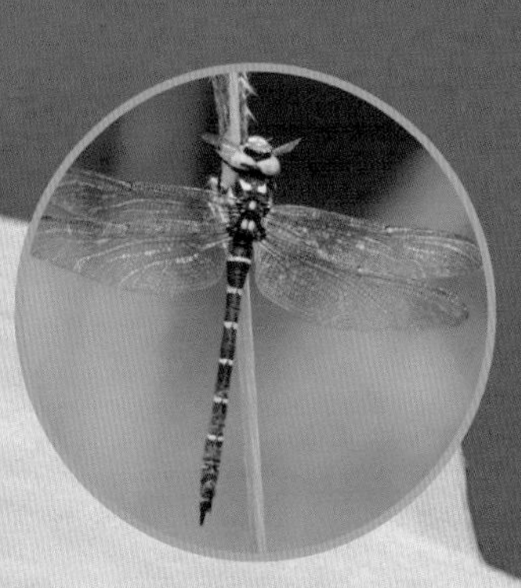

巨圆臀大蜓的若虫对人类很有帮助。人们可以拿它来鉴别水的质量。因为巨圆臀大蜓的若虫对于污染的忍受程度很低，所以它可以有效地鉴别水质。

小档案

分类：蜻蜓目大蜓科	食性：植食
分布：中国台湾、北京、湖南等地	特征：下唇黄褐色，上唇端半部黑色，下肛附器短

巨圆臀大蜓的腹部为黑色。

扫码查看
知识科普站
昆虫档案馆
百科放映室
主题动画片

异色灰蜻

异色灰蜻这个神奇的小精灵属于蜻蜓目蜻科。分布在江苏、河北、浙江等地，体长和一般的蜻蜓差不多。雄性胸部深褐色，身体蓝色；翅膀末端有着淡褐色斑，翅膀周围具深褐色斑，后翅翅基的色斑大，是三角形的；足是黑色的，上面有刺。

大大的复眼

异色灰蜻的脑袋上镶嵌着两只大大的、鼓鼓的眼睛。可是，它不止有两只眼睛，它的眼睛是由1.8万到2万只小眼睛组成的，这被称为“复眼”。复眼中的小眼面一般呈六角形。小眼面的数量、大小和形状在不同昆虫中是不同的。

小档案

分类：蜻蜓目蜻科	食性：植食
分布：中国江苏、河北、浙江等地	特征：身体蓝色，腹部灰色

生活习性

异色灰蜻交配后在池塘里产卵。春天时由卵长成幼虫，幼虫在春天和初夏生活在水里，长长的下颚长得很快，以便捕捉水中的微生物作为食物来获取能量。等到深夏，经过蜕皮的幼虫会趴在大树上羽化，刚羽化的异色灰蜻是黄色的。

红蜻

红蜻属蜻蜓目蜻科。雄虫前胸褐色，合胸前方及侧面呈红色，无斑纹；翅透明，翅痣黄色，前后翅基部均有红斑；腹部红色。雌虫前后翅基部有黄斑，腹部黄色。它体长 30 ~ 35 mm，翅展约 70 mm。主要分布于北京、山东、江苏、福建、江西、广东等地。

雌性

雌性红蜻的体色与雄性红蜻有差异。上、下唇黄色，唇基、额及头顶黄褐色，头后黄色；前胸及合胸背面褐色；腹部黄色，肛附器短、褐色。

小档案

分类：蜻蜓目蜻科	分布：中国北京、山东、江苏、福建、江西、广东等地
食性：植食	
特征：身体呈红色	

雄性

下唇褐色，上唇红色。前唇基红黄色，后唇基红色且左右两端发达，形成罩状罩在上唇和前唇基的上方。

玉带蜻

玉带蜻是蜻科玉带蜻属的蜻蜓，常年生活在近水的环境中。因为玉带蜻有细长的身体，再加上一对大且轻盈的翅膀，所以飞行速度极快，同时能做各种急转的动作。根据性别的不同，玉带蜻第二至第四腹节呈现不同颜色，雄性为白色，雌性为黄色，这也是“玉带”的由来。

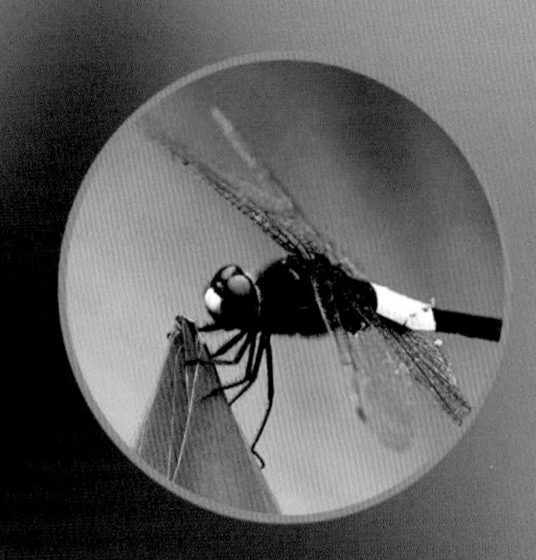

棉花作物的敌人

玉带蜻的食量很大，又以棉花等作物作为食物，所以会给棉花农作物带来危害。

小档案

分类：蜻科玉带蜻属	食性：杂食
分布：中国江苏、福建、湖南等地	特征：雄性第二至第四腹节呈白色，雌性呈黄色

飞行高手

玉带蜻有极强的飞行能力，能随时迅速地转换方向，甚至倒退飞行，一般很难被抓到。

玉带蜻头顶部黑色，前额黄色。

玉带蜻身体细长，其身长与翅膀长度相当。

碧伟蜓

碧伟蜓是东亚地区非常常见的蜻蜓品种之一。它们的体形比较大，飞行速度非常快。碧伟蜓雌虫将卵产在水生植物组织内，卵孵出的幼虫叫水虿，捕食能力强。水虿长大之后爬上岸，并不成蛹，而是直接蜕皮羽化，变成我们熟悉的蜻蜓的样子。

奇特的呼吸器官

碧伟蜓的下胸部两侧有黑色点状图案，那是它们在幼虫阶段用来呼吸的腮，在离水羽化后退化成两个黑点。碧伟蜓成虫则依靠外骨骼上的黑色缝隙来进行呼吸。

小档案

分类：蜻蜓目蜓科伟蜓属	分布：中国、日本、朝鲜
特征：体形大，足部长	

雌、雄碧伟蜓的颜色大体相同，只有上腹部颜色不同，能用来区分性别。

碧伟蜓的足部长而有力，能够在飞行过程中捕捉飞虫。

幼虫的颜色

碧伟蜓幼虫生活在水中，它在这个阶段会面临被鱼类捕食的危机，因此幼虫的外表颜色会因栖息地的不同而不同。生活在黄色泥土水域的幼虫，其身体是黄色的；而生活在黑色淤泥水域里的幼虫，身体从孵化起就是黑色的。

攀爬高手

毛虫是鳞翅目昆虫（蝶类及蛾类）的幼虫。这种昆虫大部分生活在植物上，以植物的茎叶为食，经常会造成植物的叶片缺损甚至死亡。毛虫的身体非常柔软，爬行速度非常缓慢，是许多鸟类等动物喜爱的食物。为了保护自己不被吃掉，毛虫通常会通过进化出各式各样的拟态、色彩斑斓的花纹或有毒的毛来保护自己。

毛虫的颚十分强壮，能够非常迅速地啃食植物。

“毛毛虫”

许多毛虫为了保护自己，进化出了带毒的毛。这些毛虫通常在食物中获取毒素，并囤积在体外的针毛上。人类如果不慎触碰到它，毛虫的毛刺入人体，其注入的毒素可能会引起皮炎。

小档案

分类：鳞翅目	生活环境：植物外表
分布：世界各地	

毛虫的腹足并不是“脚”，而是由肌肉组成的“辅助器官”。

毛虫通常拥有3对真正意义上的足——胸足。

吃肉的毛虫

太平洋的夏威夷海岛上生活着一种肉食毛虫，这种毛虫的伪装技术非常巧妙，还拥有非常高超的捕食技巧，甚至能捕捉飞在空中的小型鸟类！

桑蚕

桑蚕是一种拥有完全变态发育过程的昆虫。桑蚕的卵只有芝麻粒大小，刚孵化出的小桑蚕和蚂蚁一样大，通体呈黑色，在出生两个小时后就会开始啃食桑叶。经过第一次蜕皮之后，桑蚕就会变成白色软绵绵的样子。等到最终从蚕茧中破茧而出后，桑蚕会变成大肚子的蚕蛾，产卵后结束其一生。

桑蚕的身体像一个纺锤。

小档案

分类：鳞翅目蚕蛾科	食性：植食
分布：温带、亚热带及热带地区	特征：幼虫通体白色，结白色茧

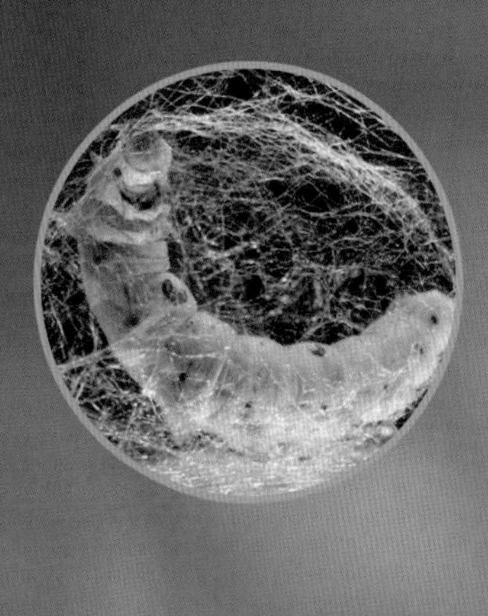

超级长的丝

在英语中，桑蚕又被称为丝虫，是因为它们吐出来的丝能够用来织丝绸。别看桑蚕做的蚕茧小小的，但织成蚕茧的丝足有 1000 米长！

蚕蛾不会飞

破茧而出的蚕蛾长得很像蝴蝶，肚子却比蝴蝶要大得多。正因为它们的翅膀太小了，翅膀没办法托起大大的肚子，所以蚕蛾根本没办法飞起来。

东方蝼蛄

东方蝼蛄是一种广泛分布在我国境内的昆虫，一生都生活在土壤之中。刚孵化 3 ~ 6 天的幼虫会一直生活在一起，一同寻找无光、无风、无水的环境。等过了最脆弱的几天后，东方蝼蛄就会分散开，各自寻找生活领地。东方蝼蛄对植物的种子和幼苗都非常喜爱，因此对农业的危害很大。

小档案

分类：直翅目蝼蛄科	生活环境：潮湿环境
分布：中国	特征：全身灰褐色

爱潮湿

东方蝼蛄喜爱在河岸和水渠附近生活，尤其是在繁殖的时候，雌性东方蝼蛄会寻找合适的水源，在环境潮湿的地方筑巢产卵。

爱甜食

香味和甜味对东方蝼蛄有非常大的诱惑力。尤其是炒香的谷物或豆子，东方蝼蛄对这类香甜的食物毫无抵抗力，哪怕是陷阱也会毫不犹豫地跑进去。

蠼螋

蠼螋是一种很常见的捕食性昆虫，它们一般生活在树皮缝隙、腐朽的枯木和落叶下，非常喜欢阴暗潮湿的环境。因为生活环境的不同，蠼螋的取食范围也不同。生活在田间的蠼螋因为捕食害虫的缘故，被视作益虫。但在菌类养殖业中，蠼螋因为过于喜爱吃蘑菇，而被当作害虫。

蠼螋的尾部有一对夹子形状的尾须，非常坚硬。

小档案

分类：革翅目蠼螋科	生活环境：阴暗潮湿的环境
分布：热带及亚热带地区	特征：尾须呈夹子形状
食性：杂食	

扫码查看
知识科普站
昆虫档案馆
百科放映室
主题动画片

保护宝宝的蠼螋

蠼螋的雌虫有很明显的护卵行为。在产卵后，雌性蠼螋便会守在卵旁边，或者用自己的身体保护卵。等卵孵化之后，低龄的若虫也一直跟随母亲生活，直到能够自保为止。

蠼螋只有一对复眼，没有单眼。

爱吃蘑菇的蠼螋

蠼螋是一种杂食性昆虫，一般会取食植物的花叶及腐败的动植物残体，有时还会捕食小昆虫，但蠼螋最爱吃的是平菇和草菇。

黄粉虫

黄粉虫又叫面包虫，属于鞘翅目拟步甲科昆虫。原产于北美洲，20 世纪 50 年代被引入我国饲养。黄粉虫干品脂肪含量达到 30%，蛋白质含量高达 50%，此外，还含有磷、钾、钠等常量元素和多种微量元素，有很高的营养价值。

小档案	
分类：鞘翅目拟步甲科	分布：北美洲
生活环境：温暖、通风、干燥、避光	特征：喜群居，喜暗光，黄昏后活动较盛

种族厮杀

黄粉虫的幼虫和成虫之间有大吃小的习性，缺少食物时成虫就会吃掉幼虫，幼虫有时也会咬伤蛹。因此，要将不同龄期的黄粉虫（卵、幼虫、蛹、成虫）分开，放在各自的饲养箱中饲养。

蚂蚁

蚂蚁是一种生活中极为常见的小昆虫。大多数蚂蚁的食性很杂，如果生活在室内，蚂蚁会经常取食于人类的食物或垃圾，有一些种类还会影响到人类生活。蚂蚁是群居性昆虫，它们会筑造庞大的巢穴来供种群居住。在巢穴中，为了能够更好地保存食物，蚂蚁们还会仔细地将活动室和储藏室分开。

蚂蚁社会

蚂蚁的社会体系非常完整，它们分别承担着不同的责任：蚁后肩负着整个种群繁衍的重任，雄蚁只负责与蚁后交配，工蚁负责维持日常生活，兵蚁则负责保护蚁巢安全。

蚂蚁的触角有很
多微小孔洞，能够感
知气味、声波。
蚂蚁的口器尤其
是上颚非常发达，但
上唇已经退化。
小档案
分类：膜翅目蚁科
生活环境：潮湿环境
分布：世界各地
特征：身体有三节，腰很细

行军蚁

行军蚁，又称军团蚁，和其他蚂蚁不同，行军蚁并不会筑巢，它们是一种迁徙类的蚂蚁，用“游击”的方式生活在亚马孙河流域。行军蚁拥有非常强大的颚，还能分泌出富含蚁酸的毒液，有了这两种武器，行军蚁就可以肆无忌惮地前行，一路捕捉各类昆虫作为食物。

小档案

分类：膜翅目蚁科行军蚁属	食性：杂食
分布：亚马孙河流域	特征：不筑巢，有锋利的大颚

食人蚁不吃人

在一些传言中，行军蚁被描述成如同恶魔一般恐怖的“食人蚁”，但其实蜘蛛、蜈蚣和其他种类的蚂蚁才是行军蚁最爱的食物。

扫码查看

- 知识科普站
- 昆虫档案馆
- 百科放映室
- 主题动画片

行军蚁的全身都有丝质绒毛。

行军蚁的头上生有锋利的颚。

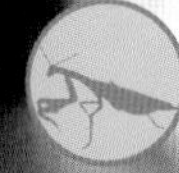

浩荡蚁军如潮水

在行军蚁的队伍中，最多能包含上百万只行军蚁。据记载，人类发现的行军蚁队伍中，最宽的一支队伍宽度足足有 15 m。这样的队伍无论走到什么地方都会像潮水一样，立刻将猎物淹没。

双齿多刺蚁

双齿多刺蚁是蚁科多刺蚁属的一种昆虫，对树木有一定危害，但因有蚁穴的地方发生虫害的概率较小，所以有时也可以保护树木。

建造大师

双齿多刺蚁在建造方面天赋异禀，它们不像其他蚁科动物一样在地下挖掘巢穴，它们的巢建在树枝之间，和蜂巢有些类似。

小档案

分类：膜翅目蚁科多刺蚁属	食性：杂食
分布：中国、日本、澳大利亚	特征：体黑色，背板有明显的直刺

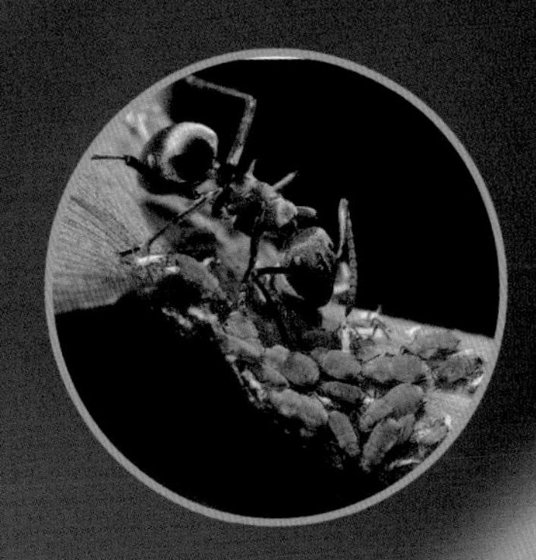

双齿多刺蚁的危害

双齿多刺蚁会用尖利的“嘴巴”叮咬人畜。由于它们直接携带多种病菌，会造成多种疾病，如伤寒、痢疾、鼠疫等，因此，家中一旦发现双齿多刺蚁应彻底清除。

双齿多刺蚁工蚁前胸背板前侧角、并胸腹节背板各有两个长的直刺。

蚁狮

蚁狮是蚁蛉的幼虫，是一种非常凶猛的捕食类昆虫。蚁狮通体土褐色，身体呈纺锤形，头和前胸非常小，而腹部非常肥大。蚁狮通过头前部的巨颚来捕食猎物，颚的内侧有吸管状的刺，与颚一同形成刺吸式口器。捕捉到猎物之后，蚁狮就用这对颚夹住猎物，直接将猎物“吸空”。

擅于制作陷阱

蚁狮会在沙地上挖出一个漏斗形状的小沙坑，自己则蹲到沙坑的最底端，安静等待猎物上门。当有其他昆虫不小心掉进陷阱里，蚁狮就用有力的颚夹住猎物。

倒着走的昆虫

蚁狮在制作陷阱的时候，会用后足向后的方式挖沙坑，躲进沙坑里时也是倒退着进去。由于蚁狮经常被人们看到它在倒着走，就有了“倒退虫”的称呼。

扫码查看

- 知识科普站
- 昆虫档案馆
- 百科放映室
- 主题动画片

蚁狮的头部前段生有一对镰刀状大颚，颚上的刺是吸管状。

蚁狮的前胸生有沙灰色鬃毛。

小档案

分类：脉翅目蚁蛉科	生活环境：干燥的地表下
分布：北美、亚洲及除英国外的欧洲地区	食性：肉食
	特征：身体呈纺锤状

短额负蝗

短额负蝗的头很尖，触角在尖尖的顶端。

短额负蝗是一种通体翠绿色、头尾尖尖的锥头蝗科昆虫。它们多生活在绿色植被丛中，依靠自身保护色来躲避天敌。短额负蝗在从孵化到成虫的过程中，并没有完全变态。它们的若虫与成虫外貌很像，在第五次蜕皮之后开始羽化，成为能够飞行的成虫。

背上的同伴

短额负蝗的雌虫和雄虫外形差别很大，雄虫要比雌虫小很多。在短额负蝗的繁殖季节，体形大的雌虫就会把雄虫背在身上。这也是“负蝗”名称的来源。

不发达的翅膀

短额负蝗的翅膀较短，并不擅长飞行，因此无法进行远距离移动，活动范围比较小。这也使人类防治短额负蝗灾害方面工作相对简单。

小档案

分类：直翅目锥头蝗科负蝗属	分布：中国除华东以外的地区
食性：植食	特征：通体绿色，头部尖细

蚜虫

蚜虫，又称腻虫、蜜虫，是一类植食性昆虫。蚜虫的大小不一，身长从 1 mm 到 10 mm 不等，是地球上最具破坏性的害虫之一，对农林业和园艺业有严重危害。它们在世界范围内分布十分广泛，主要集中于温带地区。蚜虫可以进行远程迁移，主要扩散方式是随风飘荡，它也可以借助一些人类活动进行迁移。例如，人类对附着蚜虫的植物进行运输等。蚜虫的天敌有瓢虫、食蚜蝇、寄生蜂、食蚜瘿蚊、蟹蛛、草蛉以及一些昆虫病原真菌。

蚜虫危害

蚜虫吸食植物汁液，会造成植物营养流失，而且它们腹部有一对腹管，用于排出可迅速硬化的防御液，成分为甘油三酯。这不仅阻碍植物生长，还会造成花、叶、芽畸形。蚜虫会危害多种经济作物，由于它们寻找寄主植物时要反复转移尝试，所以会在许多植物之间传播多种病毒，造成更大的危害。

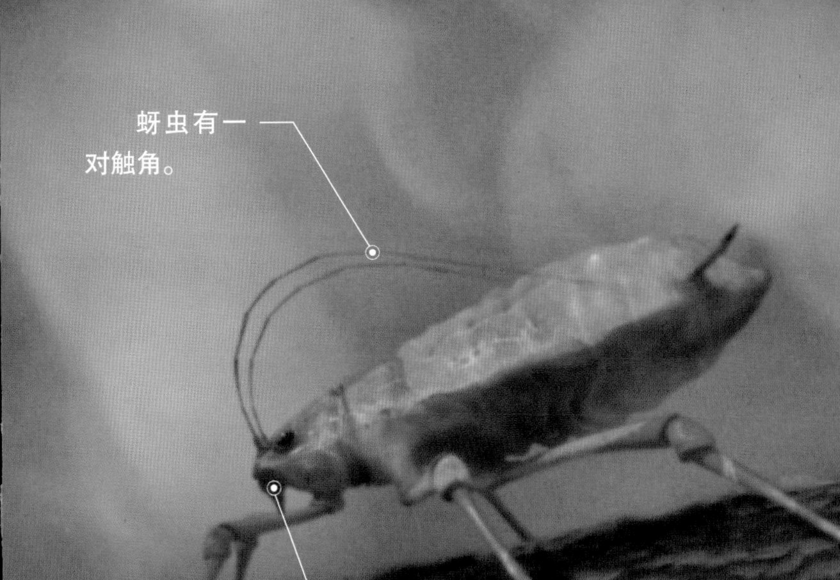

小档案	
分类：半翅目胸喙亚目	食性：植食
分布：温带地区	特征：柔软的身体和奇特的分泌物

光合作用

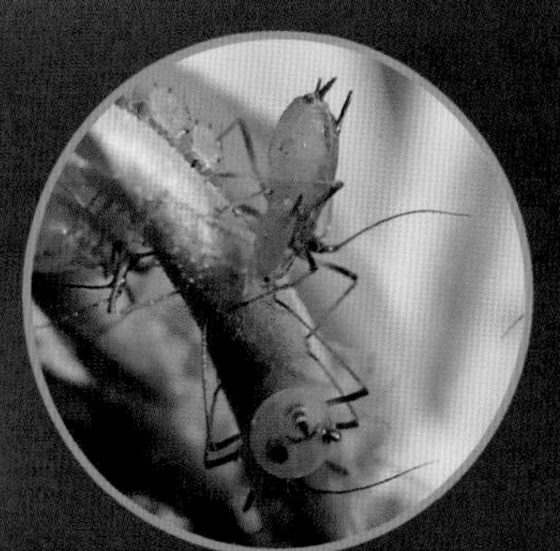

蚜虫甚至能够吸收阳光，并以代谢为目的使用这些能量。蚜虫是动物世界中唯一可以合成类胡萝卜素的成员。这在动物界是前所未有的，但这种能力在植物界却很普遍，常见于光合作用的过程中。在蚜虫体内，这种色素能够吸收来自太阳的能量，并将其转化为参与能量生产的细胞。

夹竹桃蚜

夹竹桃蚜是一种危害夹竹桃科和萝藦科植物的蚜虫。它们群聚在嫩叶、嫩梢上吸食汁液，经常将嫩梢全部占满，致使叶片卷缩、生长不良，严重时会影响新梢的生长，还会对花朵造成不良影响。它们分泌的蜜露常粘在叶子表面，会阻碍植物正常发育。

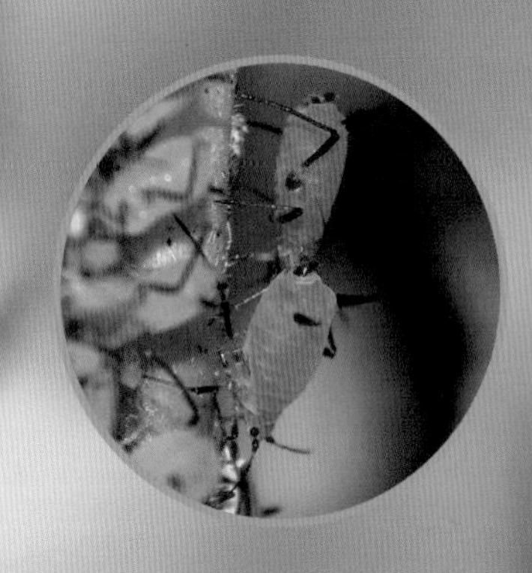

群体寄生者

夹竹桃蚜成群寄生于夹竹桃等有毒植物的茎叶间，以吸食植物汁液为生。在夹竹桃蚜的群体间，经常可以见到蚂蚁来取食蚜虫分泌的蜜露。瓢虫、食蚜蝇、草蛉是夹竹桃蚜的天敌。

小档案

分类：半翅目蚜科	特征：黄色的卵形身体，成群栖息在夹竹桃等植物上，会分泌黏液
分布：中国南部	
食性：植食	

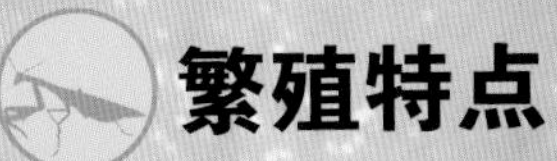

繁殖特点

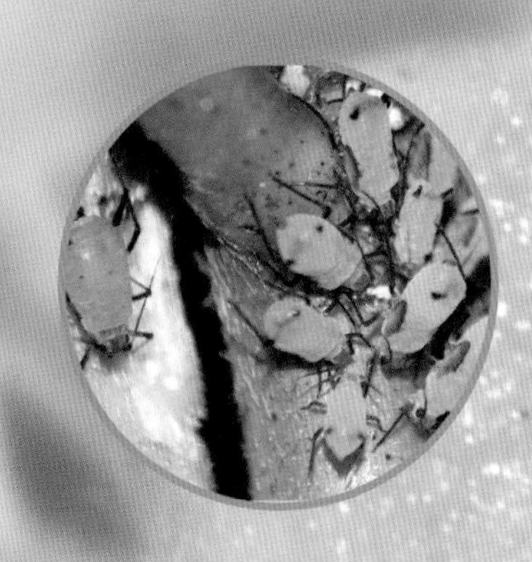

夹竹桃蚜一年繁殖20余代，常在植物顶梢、嫩叶处越冬，第二年4月上、中旬开始缓慢活动。全年均可见到此虫，但尤以5～6月数量最大。夹竹桃蚜在一年内有两次危害高峰期，即5～6月和9～10月。7～8月因温度过高和各种天敌的制约，数量较少，危害较轻。

夹竹桃蚜的尾片呈舌状。

夹竹桃蚜有一对复眼。

烟粉虱

烟粉虱这种害虫现在是世界各国的难题，烟粉虱借助花卉及其他经济作物的苗木迅速扩散，在世界各地广泛传播。它们繁殖速度快，寄主广泛，世代重叠，现在各国研发的化学农药对其伤害性不大，而且这种害虫对各种化学农药极易产生抗体。

足会随着年龄增长退化至只有一节。

小档案	
分类：半翅目粉虱科	生活环境：树木和农作物上
分布：世界各地	特征：虫体淡黄色，单眼两个，触角发达
食性：植食	

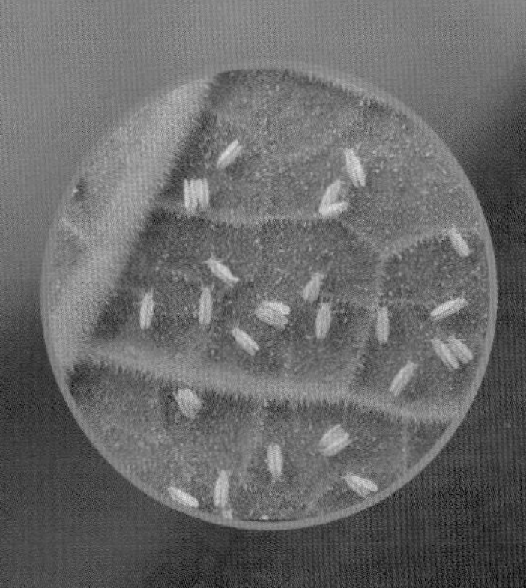

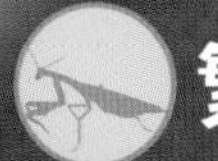

繁殖速度惊人

烟粉虱可全年繁殖，多在叶背及瓜毛丛中取食，卵散产于叶背面。若虫初孵时能活动，低龄若虫灰黄色，定居在叶背面，类似介壳虫。烟粉虱可在 30 种植物上传播 70 多种病毒。烟粉虱发育速度快，吸取食物后很快就可以变为成虫。

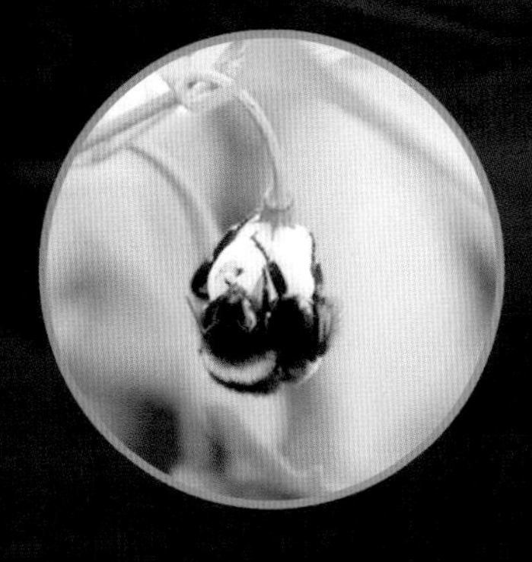

烟粉虱的克星

这种害虫有一个天敌，那就是丽蚜小蜂，现已通过实验证明丽蚜小蜂是烟粉虱的有效天敌，许多国家通过释放该蜂，并配合使用高效、低毒的杀虫剂，能有效地控制烟粉虱的数量。

圆跳虫

圆跳虫是一种弹尾目的昆虫，密集时形似烟灰，又称烟灰虫。圆跳虫喜欢阴暗潮湿、富含腐殖质的环境，在腐枝烂叶堆积的阴暗环境都可以发现它们的踪迹。圆跳虫形如跳蚤，没有翅膀，不能飞行，但是有弹尾可以灵活跳跃。它们的体表是油质的，所以不怕水，有积水时还可以浮在水面上。

生活习性

圆跳虫喜欢潮湿的环境，腐烂物质、菌类是它们的主要食物。它们喜欢集群活动，擅长跳跃，一处植物上常有数百甚至几千只圆跳虫。圆跳虫畏光，喜欢聚集在阴暗处，一旦受惊或见光，会马上跳离躲入黑暗的角落。成虫还喜欢有水的环境，它们常浮在水面上，可在水上弹跳自如。

小档案

分类：弹尾目圆跳虫科	特征：有弹尾
食性：植食	

生长发育

圆跳虫繁殖速度快，一年至少可以繁殖 4 代。它们生长繁殖周期短，当温度和湿度适宜时，每年甚至可以繁殖 6 ~ 7 代。它们的卵是白色球形，半透明，常产于食用菌培养料内或覆土层上。幼虫体形基本与成虫相似，体表是银灰色。成虫外形像跳蚤，体长 1 ~ 1.5 mm，肉眼难以看清，体色是淡灰色或灰紫色，可以快速爬行，稍遇刺激即以弹跳方式离开或假死不动。

桑天牛

桑天牛是一种喜欢啃食树干的害虫，它们也啃食果树嫩枝，并且会把自己的卵产在果树中，这样等卵孵化后生出的幼虫又可以继续吃果树的嫩枝。对植物危害较轻时，会影响植物的生长，造成营养不良，严重的时候会导致植物死亡。

桑天牛的鞘翅基部长了很多颗粒状的小黑点。

强大的繁殖者

等生殖器发育完成后，桑天牛就开始产卵。桑天牛一般需要 2 ~ 3 年完成一代的繁殖，桑天牛会把幼虫生在树木的幼枝里过冬，等到幼虫长大后在根茎处的树干内化蛹，长为成虫后就开始吃嫩枝皮层。

狡猾的伪装者

桑天牛具有假死能力。当它感受到外界的刺激或者震动的时候。它就会静止不动或者从停留处跌落下去装死。等过一会儿，它又恢复正常，然后离开。这样它就可以很好地保护自己。

桑天牛头顶隆起。

小档案

分类：鞘翅目天牛科	特征：头顶隆起，触角比身体要长一些，足是黑色的，上面长了很多毛
分布：中国、日本、朝鲜等地	
食性：植食	

长臂天牛

长臂天牛是原产于拉丁美洲地区的大型甲虫，身上有黑色与淡红色相间的精细图纹，翅翼表面有彩色的斑纹。长臂天牛又叫丑角甲虫，这与它们身体上的彩色花纹有关。

习性

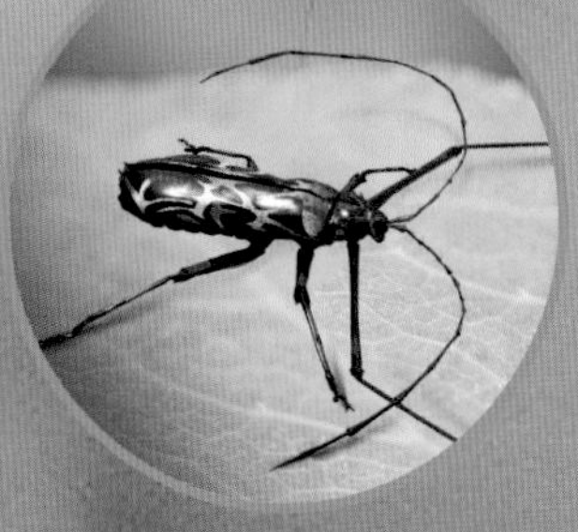

长臂天牛可以危害桑、茶、棉、麻、木器等。它们的活动时间主要在白天，但也会被夜间的光源所吸引。雌天牛喜欢在带有真菌的树干或木头上产卵，因为真菌提供了绝佳的伪装。

跳跃能手

长臂天牛是天牛科中前足最长的昆虫，雄虫的前足长度甚至要超过身体长度，有些能达到身体长度的 2 倍。这超长的前足既是高效的爬树工具，又是吸引雌性的利器。

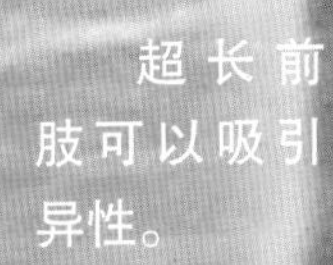

超长前肢可以吸引异性。

小档案

分类：鞘翅目天牛科	食性：植食
分布：拉丁美洲	特征：前足长，色彩鲜艳

绿豆象

绿豆象，又叫中国豆象、小豆象、豆牛。在世界分布广泛，我国各地均有分布。绿豆象能危害多种豆类，最喜食绿豆，也取食赤豆、豇豆、蚕豆、豌豆。除豆类外，也能危害莲子。绿豆象繁殖迅速，一年可以繁殖 5 代，条件适宜时甚至能繁殖 11 代，完成一代需 30 多天。

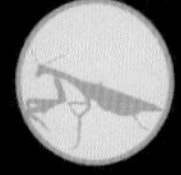

生活习性

成虫可在成熟的豆粒上或田间豆荚上产卵，每只可产卵 70 ~ 80 粒。各虫期均可在豆粒中越冬，而虫蛹会在第二年春天羽化。在温暖地区，绿豆象一年中可连续繁殖，比如在中国南方甚至可达 9 代。成虫擅飞翔，并有假死习性。

小档案	
分类：鞘翅目豆象科	特征：卵圆形深褐色的身体，体表有灰白色毛与黄褐色毛
分布：世界各地	
生活环境：温暖潮湿环境	

简易防治方法

高温是防治绿豆象的方法之一。炎热夏日，地面温度不低于 45℃时，将新绿豆摊在水泥地面暴晒，使其均匀受热 3 小时以上，即可杀死幼虫。

大竹象

大竹象是一种主要危害竹笋的害虫，在我国南部地区广泛分布。大竹象的幼虫会在竹笋的蛀道中向上爬行，爬至竹笋顶梢咬断笋梢，幼虫连同断笋一起落地。然后它们会带着笋筒在地面爬行，找到合适的地点钻入土中化蛹。而大竹象成虫则会飞上竹笋啄食笋肉，它们对青皮竹、撑篙竹、水竹、绿竹、崖州竹等多种丛生竹都有极大的危害。

大竹象的危害

大竹象的成虫和幼虫都蛀食竹笋，会造成竹笋腐烂。还会取食嫩竹，造成竹子生长不良，导致竹子节间变细。受损害的竹梢折断时，还会造成竹子顶端杈子增多，使竹材变干脆，容易被风吹断。

小档案

分类：鞘翅目象甲科	分布：中国浙江、福建、台湾、江西、湖南、广东、广西、四川、贵州等地
生活环境：竹林中	
特征：三对足等长	

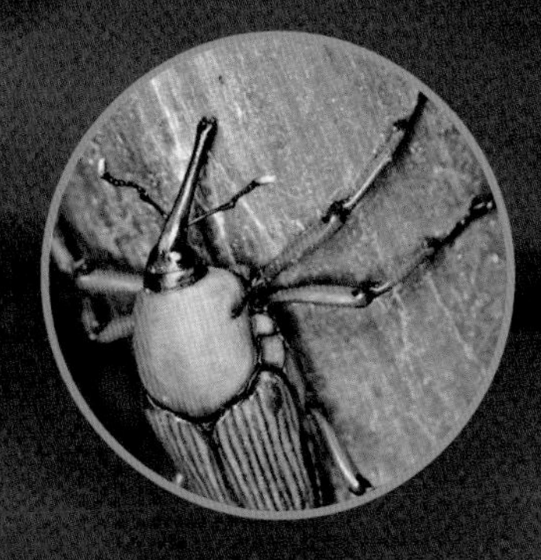

短途飞行的日间行者

大竹象成虫一般在早上开始活跃，上午和下午是它们最活跃的时间，中午、夜晚和雨天一般落在竹叶背面和地面的隐蔽处。大竹象成虫飞行能力强，但在竹林中只进行短距离的飞行，飞行时会发出嗡嗡声。

大竹象的翅膀十分有力，利于飞行。

大竹象的三对足等长，上有棕色短毛。

人蚤

人蚤，是蚤科昆虫中和人类关系最密切的一种昆虫，也是对人类生活危害较大的害虫之一。人蚤寄生在动物体表，以动物血液为食。因为会接触血液，人蚤也是许多传染病的传播者。曾经人蚤的分布极其广泛，在全世界的人类居住区都有它们的身影。但是在人类持续的防治工作下，人蚤开始从一些地区消失。现如今，我国已经有不少地区成功将人蚤清除干净。

跳高专家

人蚤的跳跃能力非常强。虽然人蚤只有 3 mm 大小，但它们强有力的后腿能够帮助它们跳起身体长度 60 倍左右的高度。依靠这样发达的弹跳力，跳到人类身上完全不在话下。

小档案

分类：蚤目蚤科	生活环境：寄生在动物体表
分布：除寒带外的世界各地	特征：非常小，弹跳力超强

蟑螂

蟑螂是一种日常生活中极为常见的害虫，它们通常成群结队地行动，非常擅长钻缝和攀爬，在人类房屋中几乎无孔不入。蟑螂是一种非常典型的杂食昆虫，酷爱甜食和富含油脂的食物，又喜欢居住在温暖潮湿的环境中，因此厨房是它们最理想的生活地点。

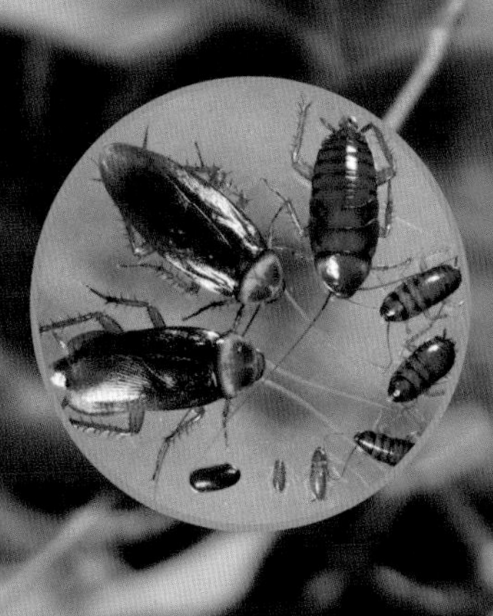

超强繁殖力

一只雌性蟑螂每隔一个星期就能产出一个卵鞘，里面能够孵化出几百只小蟑螂。而一只雌性蟑螂一生能产下几十个这样的卵鞘！正如俗话所说，“看到家里出现一只蟑螂,家里就会藏着几百只”。

蟑螂的前后翅大小相等。

蟑螂的前翅是革质的。

小档案

分类：蜚蠊目蜚蠊科	生活环境：温暖潮湿的室内
分布：热带、亚热带及温带地区	特征：身体扁平

衣鱼

衣鱼虫，又名白鱼、壁鱼，是家庭害虫。这类昆虫大多数是室内干储物的蠹（dù）虫，常出没于衣柜，蛀食衣物，故名衣鱼。其实，衣鱼更是遍布世界的图书蠹虫，它们啮纸蛀书，是各地图书馆里普遍存在的最主要的害虫。

衣鱼触角为长丝状。

小档案

分类：缨尾目衣鱼科	生活环境：黑暗、潮湿、温暖的地方
分布：世界各地	特征：体狭长，腹部有 11 节

行动敏捷的代表

头部有细长的丝状触角；多数有明显的小型复眼；腹部有三对能疾走、跳跃的足，因此，能够使它的行动敏捷，更加迅速。

衣鱼第 11 节有一对尾须，长而多节。

耐旱的“旱鸭子”

衣鱼主要蛀食纸张和图书的装订棉线等。它们不直接饮水，也无处饮水，而是把这些含水率极低的纸书当作食物，同时视为唯一的水分来源，可见衣鱼的耐旱性非常好。

臭虫

臭虫，又称床虱、壁虱，是一种适应能力极强的昆虫，广泛分布在全世界。臭虫有一对能够分泌臭液的腺体，它们爬过的地方会留下难闻的臭味，这也是它们名字的由来。臭虫的行动非常迅速，能够很快地更换隐蔽位置，通过隐藏在衣物和行李之中，将活动范围扩大。不过好在会吸食人类血液的臭虫种类很少，更多的臭虫寄居在蝙蝠和鸟类的窝巢之中。

扫码查看

- 知识科普站
- 昆虫档案馆
- 百科放映室
- 主题动画片

不怕饿的昆虫

臭虫非常耐饿。在温度比较低、空气又很湿润的情况下，一只成年臭虫能够忍耐半年甚至一年的饥饿，而若虫也能忍耐两个多月。

贪婪的吸血鬼

臭虫依靠动物血液为食。在吸血的时候，它们会分泌一种唾液来阻止血液凝固。臭虫非常贪婪，每次都要吸超过体重 1 ~ 2 倍的血液才会满足。吸饱血的臭虫会从扁扁的样子变得圆鼓鼓。

臭虫的翅已经完全退化。

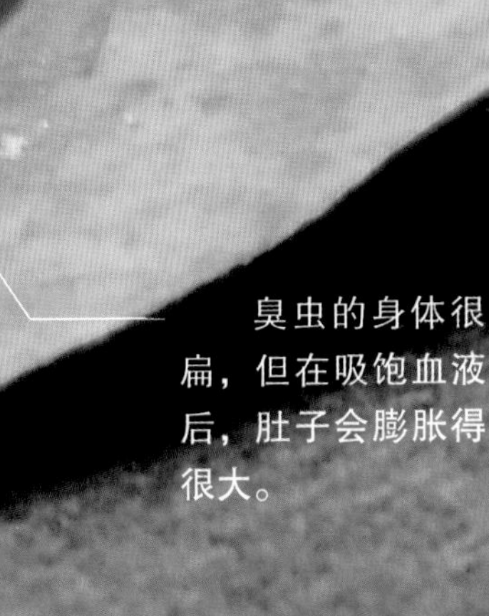

臭虫的身体很扁，但在吸饱血液后，肚子会膨胀得很大。

小档案

分类：半翅目臭虫科	食性：吸血
分布：世界各地	特征：体形大小可变化

吉丁虫

吉丁虫是一种以美丽的鞘翅而闻名的昆虫，它们的鞘翅色彩缤纷，甚至被人喻为“彩虹的眼睛”。但吉丁虫其实是一种林业害虫，它们的成虫喜爱啃食叶片，经常会造成树叶缺口；而它们的幼虫危害更大，常躲藏在树皮下，从树底以螺旋形路线往上啃，经常造成树木脱皮、折断甚至枯死。

小档案

分类：鞘翅目吉丁虫科	生活环境：树木上
分布：世界各地	特征：有色彩斑斓的鞘翅

爱大火的昆虫

吉丁虫科的松黑木吉丁虫酷爱火灾，它们能够感知到远在 13 km 外的大火，然后匆匆赶过去，在烧焦的树枝上面产卵。

吉丁虫的鞘翅上有纵行隆起线。

吉丁虫的触角呈栉齿状。

被钟爱的鞘翅

吉丁虫的鞘翅色彩斑斓，大多数还带有金属光泽，非常好看，因此受到许多艺术家的喜爱。它们的鞘翅当作装饰物镶嵌在家具上。

广斧螳螂

广斧螳螂又名广腹螳螂，属于常见螳螂的一种。广斧螳螂体绿色，也有部分身体呈褐色，前胸背板向两侧扩展，最明显的特征就是前翅有一白色翅痣。广斧螳螂食性广泛，小到蚜虫、粉虱，大到毛虫、金龟子，都是它们的食物。

爱打架

无论在小时候还是长大后，每当食物不足时，中华刀螳都会残杀同类来填饱肚子，因此很难大量饲养。

扫码查看

- 知识科普站
- 昆虫档案馆
- 百科放映室
- 主题动画片

小档案

分类：螳螂目螳科	特征：捕食害虫种类多，捕食量大
分布：中国各地	
食性：肉食	

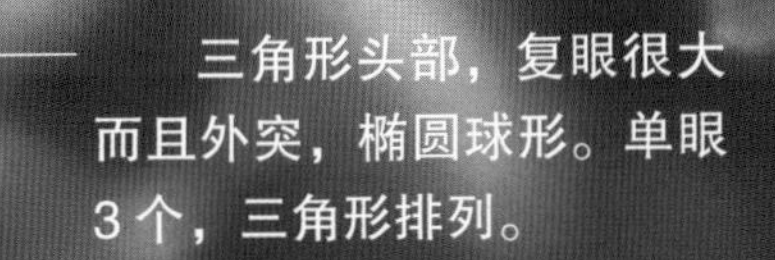

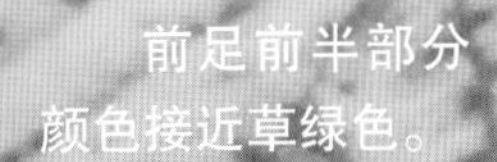

胃口好，不挑食

广斧螳螂是螳螂界有名的“大胃王”。它们从小就有捕食小型昆虫的能力，随着身体逐渐长大，它们捕食的能力和对象也在逐渐增加，是稻田和果园的除害高手！

巨腿螳

巨腿螳是中等大小的螳螂，它的前足股节进化成叶状，犹如戴着拳击手套，因此又名“拳师螳螂”。

咀嚼式口器，上颚强劲。

捕食过程

巨腿螳看到蝗虫时，便立即张开双翅，抖向两侧，后翅直立起来，像一艘帆船，身体全部竖立起来，一动不动地站着，两眼盯住蝗虫，当蝗虫移动到巨腿螳攻击范围内，巨腿螳便猛扑过去将蝗虫牢牢抓住并吃掉。

稀有种类

巨腿螳属于花螳科巨腿螳属，这个属下的种类较少，全世界大约有 20 种，国外主要分布在印度等热带地区；国内分布较少，主要集中在中国南部，例如海南、云南、广东。

小档案

分类：螳螂目花螳科	特征：身体以褐色为主，有一双巨大的捕捉足
分布：中国南部、印度	
食性：肉食	

叶蝽

叶蝽（xiū）又称叶子虫。竹节虫模拟的是竹子，而叶蝽则伪装成树叶。它不但可以将身体斑纹伪装成叶子的叶脉，六只足和身体边缘还能像枯叶一样“枯萎”，虽然不擅长飞行，但整个身体能随风摇曳，称得上是拟态界中的至高境界了。它体色多为绿色或褐色，跟所栖息环境中的植物叶片颜色相似，因而不易被天敌发现，得以逃避被捕食的命运。

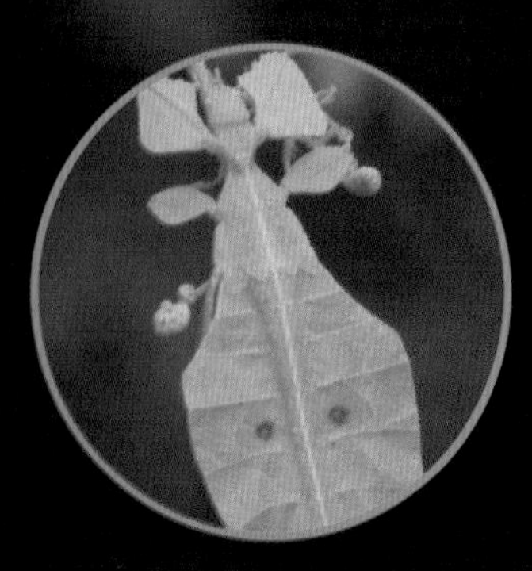

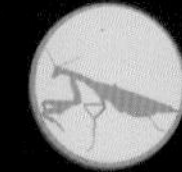

竹节虫的兄弟

蝽的中文俗称是竹节虫。学界把蝽目叫竹节虫目，在这种语境下竹节虫和蝽是可以同义的。严格意义上来说，竹节虫和杆蝽相同，而形似阔叶的叶蝽被称为竹节虫有些不妥。在学术上更倾向于使用竹节虫或杆蝽来称呼棒状的蝽，而用叶蝽称呼叶状的蝽。

生殖方式

叶䗛的生殖方式很特别，一般交配后将卵单粒产在树枝上，一两年后才能孵化。有些雌虫不经交配也能产卵，生下无父的后代，这种生殖方式叫孤雌生殖。它是不完全变态的昆虫，刚孵出的若虫和成虫很相似。

小档案

分类：竹节虫目叶䗛科	特征：腹部细长或扁宽。身体像叶子
分布：中国	
食性：植食	

大佛竹节虫

大佛竹节虫是竹节虫科佛竹节虫属昆虫的统称，这个属的竹节虫主要分布在越南、中国广西等地，如越南佛竹节虫、广西佛竹节虫、中国巨竹节虫、龙州佛竹节虫等。这个属的特点是体形较大，平均体长在竹节虫科昆虫中名列前茅。

神奇的习性

大佛竹节虫有保持身体干燥的习性，它们会用蜕皮的方式保证身体干燥，它们还会吃掉自己脱下来的“外衣”，从而隐藏自己的踪迹。更神奇的是，它们经常会在夜晚蜕皮，而且蜕皮后的第二天往往是晴天，可能这是它们独有的天气预测能力。

大佛竹节虫个体之间差异较大，特别是在身体长度、体色以及足上的齿状突起等方面。

世界上最长的昆虫

佛竹节虫属的昆虫体长都比较长，其中最长的是2014年在我国广西山区发现的新物种——中国巨竹节虫，它的体长达到624 mm，打破了保存在英国自然历史博物馆的另一个巨型竹节虫创下的世界纪录，被吉尼斯世界纪录认定为世界上最长的昆虫个体。

小档案

分类：竹节虫科佛竹节虫属	特征：身体长，呈褐色，外观像树枝
分布：中国广西、越南等地	
食性：植食	

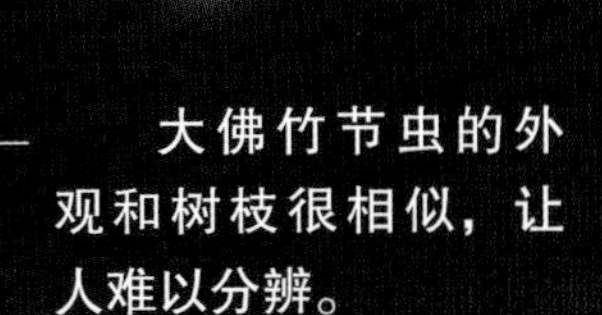

大佛竹节虫的外观和树枝很相似，让人难以分辨。

驰骋陆空

铲头堆砂白蚁

铲头堆砂白蚁是一种完全栖息在木头中的白蚁，它们不接触土壤，也不需要从木头外面获取水分。铲头堆砂白蚁生有锋利、强壮的大颚和牙齿，能够效率极高地蛀食木头。这种白蚁不会筑造固定的蚁巢，只在木头中蛀出任意形状的蚁道，一边蛀食木头、一边在里面生活。

小档案

分类：等翅目木白蚁科堆砂白蚁属	生活环境：树木中
分布：中国南部沿海地区	特征：头部又短又厚

“堆砂”

铲头堆砂白蚁的粪便呈沙粒状，它们会将巢穴内的粪便等垃圾通过蛀物表面的小孔推出去，如果蛀物长时间不移动，就会在下面积成沙堆状，这就是“堆砂”一名的由来。

铲头堆砂白蚁的头又短又厚，从背后看几乎是椭圆形的。

种群分工

铲头堆砂白蚁的种群内没有工蚁，而是由若蚁代替工蚁。在种群分群后，新种群中的一些若蚁就会发展成有翅成虫，加快新种群的建立。

黄翅大白蚁

黄翅大白蚁，是等翅目白蚁科大白蚁属的害虫，多分布于我国南方地区。它们不仅会危害农作物，还会啃食树皮，但对树种有一定要求，更喜欢纤维质、碳水化合物含量高的植物，所以这类植物往往受害较重。

危害

黄翅大白蚁常在土中筑巢，在树木的根茎部取食，还能从伤口侵入树木内部。树木幼苗被害后会枯死，成年树被害后会生长不良。此外，它还能够破坏房屋和家具，甚至危及堤坝安全。

黄翅大白蚁复眼及单眼呈椭圆形，复眼黑褐色，单眼棕黄色。

小档案

分类：等翅目白蚁科	食性：植食
分布：越南和中国	特征：头深黄色，上颚黑色，头翅较长，能飞行
生活环境：土壤中	

形态特征

黄翅大白蚁中的兵蚁头部特别大，最宽处位于头壳的中后部，呈深黄色；粗壮的上颚呈黑色，像镰刀。黄翅大白蚁中的工蚁有棕黄色的圆形头部，胸腹呈浅棕黄色，前胸背板宽约为头宽的一半，前缘翘起，腹部膨大像橄榄。

黄翅大白蚁成虫翅长 24 ~ 26 mm。

蜜蜂

在小小的蜂巢里，藏着一个庞大的蜜蜂家族。一只蜂后带领着一大群工蜂和雄蜂共同生活。蜜蜂的适应能力极强，从热带雨林到北极圈，只要有植物需要授粉的地方，就有蜜蜂的身影。蜜蜂虽然个头很小，却肩负着维持生态平衡的重任，它们能够将植物的花粉散播到很远的地方，帮助植物更好地结出果实。

尾部有毒针

蜜蜂的尾部带有锯齿状的毒刺，用来攻击敌人。这根毒刺连接着蜜蜂的内脏，在蜇人后不仅毒刺会留在敌人身上，连接毒刺的内脏也会被一同带出蜜蜂体外，所以蜜蜂很快就会死亡。

采到的花粉都藏在后足上的花粉筐里。

小档案

分类：膜翅目蜜蜂科	特征：尾部带螯刺
分布：世界各地	

胡蜂

胡蜂又称马蜂，广泛分布于全世界。提起这种蜂，很多人都感到十分害怕，因为此种蜂比较常见，人一旦被蜇，其毒液就会被人体吸收，对人造成巨大危害。

生长迅速

胡蜂属于完全变态发育的昆虫，是由卵发育而来，最后可发育为成虫，并且每个阶段的形态完全不同，生长速度快，从幼虫羽化为成虫仅需要 2 ~ 3 周的时间。

扫码查看

- 知识科普站
- 昆虫档案馆
- 百科放映室
- 主题动画片

 最强攻击者

胡蜂有很强的攻击性，遇到强有力的对手，或者受到攻击等不友善行为时，胡蜂会用螯针刺入对方身体，并分泌毒素，对手短时间内就会产生中毒反应，甚至发生死亡。

小档案

分类：膜翅目胡蜂总科	特征：身体呈黑色，有斑点以及黄色条纹，有螯针
分布：世界各地	
食性：主要以植物花的花蜜为食	

寄生蜂

寄生蜂是小蜂科、姬蜂科及茧蜂科等种类昆虫的总称，成年寄生蜂通常会寻找可寄生的宿主，将卵产到被寄生宿主的体表或者体内，卵和幼虫则从宿主的身体获取营养来孵化和发育。因为寄生蜂的宿主选择多为毛虫等昆虫幼虫或卵块，对目标宿主的杀伤力非常大，因此寄生蜂被视为害虫的天敌，对植被和农作物有很强的保护作用。

高级麻醉师

无论是内寄生还是外寄生，寄生蜂都需要在宿主无法反抗时产卵。而寄生蜂能够分泌一种麻醉液，通过产卵器注入宿主体内，使宿主完全丧失反抗能力。

小档案	
分类：膜翅目细腰亚目	特征：不筑巢
食性：肉食	

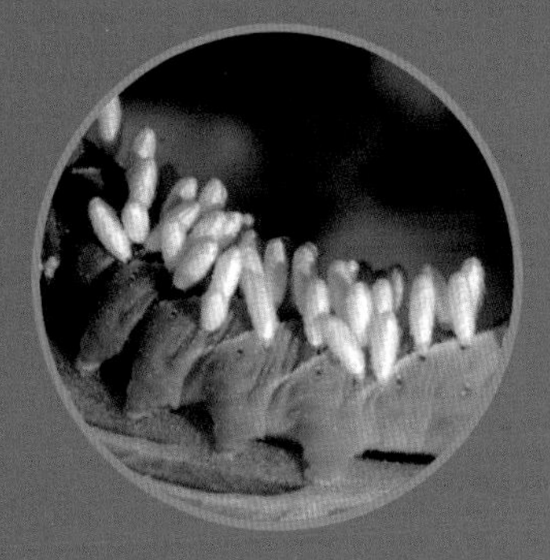

外寄生

选择外寄生的寄生蜂会将卵直接产在宿主体表。因为宿主多半还是存活或半存活的状态，因此寄生蜂必须寻找能够自主隐藏的昆虫作为宿主，才能保证幼虫安全。

寄生蜂通常拥有发达的翅膀，擅长飞行。

寄生蜂的足通常比较长，以便于向宿主体内产卵。

泥蜂

泥蜂是泥蜂总科昆虫的统称，分布于全世界，已知约 9000 种，在热带和亚热带地区种类和数量较多，北极圈内也有泥蜂分布。某些泥蜂的头或体上由浓密的银色毛组成斑。幼蜂无足，有些在胸部和腹部侧面具有小突起，和成年泥蜂有很大的差别。雌性泥蜂腹部末端螯针比雄性更发达。

小档案	
分类：膜翅目泥蜂总科	生活环境：热带和亚热带地区
分布：世界各地	特征：前胸背板短，后角呈圆瓣状

土中筑巢

泥蜂大多数在土中筑巢，如沙泥蜂属；某些用唾液与泥土混合成水泥状坚硬的巢，如壁泥蜂属；有些在地上的自然洞穴内或利用其他昆虫的旧巢，如短柄泥蜂属；少数在树枝内或竹筒内筑巢，如某些小唇泥蜂。土中筑巢的巢穴结构、巢室的数量、入口处的形状因不同的属或种而异。

后足跗节呈柱状，常无毛。

前胸背板短，虽后角呈圆瓣状，但不能向后延伸至翅基片。

捕食性

大多数泥蜂捕食性很强，少数为寄生性或盗寄生性。成年泥蜂捕猎节肢动物，包括昆虫、蜘蛛、蝎子等。它们捕到猎物后，用螯针将其麻痹，然后将猎物带回巢内供幼蜂食用。

蝗虫

蝗虫又被称为蚂蚱。蝗虫的口器非常利于切断及咀嚼植物茎叶，因此它们对植物的取食速度非常快。在缺乏食物或者气候干旱的时节，蝗虫经常会啃光植物，造成寸草不生的灾害局面。又因为蝗虫擅长飞行，所以形容蝗虫大面积聚集的情况时，有“飞蝗过境，寸草不生”的俗语。

小档案

分类：直翅目蝗科	食性：植食
分布：亚洲、非洲、大洋洲的澳大利亚等地	特征：细长的身子和强有力的后足

会飞的跳高冠军

蝗虫虽然生有非常利于飞行的翅膀，但它们在短距离移动时更喜欢跳跃。蝗虫的后腿非常发达，弹跳距离非常远，使它们在面临天敌威胁时，能迅速逃脱。

蝗灾危害

蝗灾，是指蝗虫引起的灾害。一旦发生蝗灾，大量的蝗虫会吞食禾田，使农作物完全遭到破坏，引发严重的经济损失甚至饥荒。蝗虫通常喜欢独居，危害有限。但它们有时候会改变习性，变成群居生活，最终大量聚集、集体迁飞，形成令人生畏的蝗灾，对农业造成极大损害。

蝗虫的听觉器官生在腹部第一节两侧，呈半月形。

蝗虫的后足非常发达。

中华稻蝗

中华稻蝗分布于中国、朝鲜、日本、越南、泰国等地。它们的名字里虽然有个“稻”字，却是农作物杀手，喜欢吃玉米、水稻、小麦、高粱、甘薯、白菜等作物。在干旱的年份，中华稻蝗食量特别大，是有名的杂食性农业害虫。

分布广泛

中华稻蝗在我国广泛分布，北起黑龙江，南至广东，尤其在南方十分常见。它一共有 3 对足。头上有一对尖尖的触角，身上全是一些白色的点，这些特征使它辨识度较高。

破坏过程

中华稻蝗通过咬食叶片，咬断茎秆和幼芽的方式破坏农作物。它们会将水稻叶片咬成残缺状态甚至完全消失，也能咬坏穗颈和乳熟的谷粒。

左右两侧有暗褐色的条纹。

全身绿色或黄绿色。

小档案

分类：直翅目斑腿蝗科	分布：中国、朝鲜、日本、泰国、越南等地
特征：头部有一对丝状触角；后足发达，擅长跳跃。	生活环境：热带雨林或人工饲养环境

棉蝗

　　棉蝗是一种体形较大的蝗虫。和其他蝗虫一样，棉蝗的口器非常利于切断和咀嚼植物的茎叶，并且采食范围广泛，对多种植物都有极大危害。在棉蝗繁殖数量较大的时期，它们经常会将遇到的植物全部啃食干净，所到之处，寸草不生，会对农业造成极大的损害。人们往往利用麻雀、青蛙、大寄生蝇等棉蝗天敌对其进行防治。

小档案

分类：直翅目斑腿蝗科	食性：植食
分布：中国、越南、朝鲜、日本、印度尼西亚和尼泊尔等	特征：体形大，后足粗壮有力

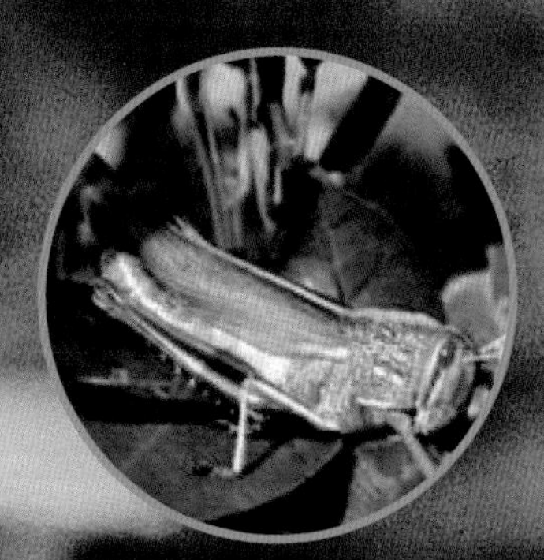

防治方法

受棉蝗危害严重的地区，可以用针对性的农药进行喷杀；也可利用麻雀、青蛙、大寄生蝇等天敌对棉蝗进行生物防治；有时也可以对棉蝗进行人工捕杀。

棉蝗的两对翅膀十分发达，基本等长。

棉蝗的后足非常粗壮，擅长跳跃。

棉蝗的呼吸器官位于腹部。

主要危害

棉蝗是我国南方大豆田中主要的食叶性害虫之一。若虫和成虫都会损害大豆的叶片，减少大豆的光合作用面积。一般减产可达两成，严重时甚至会将整株茎叶啃食殆尽，导致作物颗粒无收。

家蝇

家蝇是一种与人类密切相关的害虫。只要有人类生活的地方，无论是山地还是平原，几乎都会有家蝇的身影。家蝇依赖着人类住房内部的温暖环境，以人类的食物残渣及垃圾为食。虽然家蝇是人见人厌的害虫，却在农牧业、工业甚至医药业都有非常大的贡献。

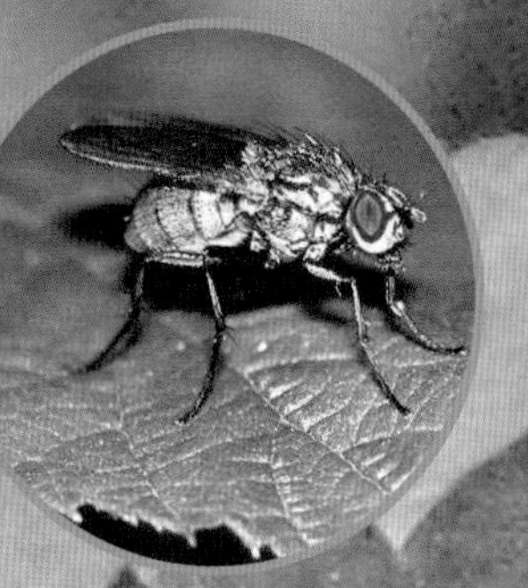

有人就有我

家蝇的分布范围超乎你的想象。按理来说，它们不擅长抵御寒冷，也就不应当出现在寒带或高山等气温很低的地方，但是这些地方只要有人类居住，家蝇就会在人类温暖的房间里开始迅速繁殖。

家蝇的眼睛是暗红色的复眼。

雌性家蝇的额宽与眼宽相等，而雄性额宽更窄。这是分辨家蝇雌雄的最有效的方式。

小档案

分类：双翅目蝇科	生活环境：温暖、食物丰富的地方
分布：世界各地	特征：眼睛呈暗红色

绿豆蝇

绿豆蝇，学名丝光绿蝇，比普通的苍蝇略大一些，是生活中常见的害虫之一。它们会成群结队地聚集在腥臭的腐肉附近，是非常喜欢肮脏环境的昆虫。绿豆蝇不仅喜欢吃腐烂食物和粪便，还会一边吃一边排泄，绿豆蝇具有舐（shì）吸式口器，会污染食物，传播痢疾等疾病。

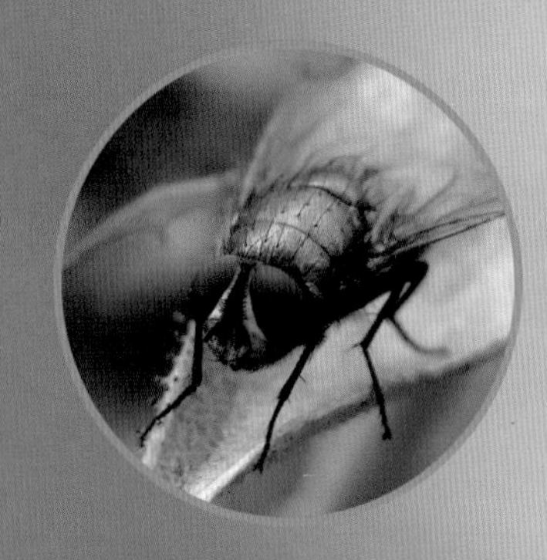

超强视力

它们的视力很好，因为它们的复眼能够 360°旋转，从而感知周围的环境。同时，它们的体毛也能察觉到空气流动的变化，所以在我们举起苍蝇拍的时候，它们就已经确定最佳逃跑路线了。

超强的繁殖能力

雌绿豆蝇喜欢在腐败的动物尸体等处产卵，幼虫以腐蚀组织为食。绿豆蝇具有一次交配可终身产卵的生理特点，一只雌蝇一生可产卵 5 ~ 6 次，每次产卵数 100 ~ 150 粒，最多可达 300 粒。一年内可繁殖 10 ~ 12 代。

小档案

分类：双翅目丽蝇科	特征：躯体泛出光亮的金属色泽，分为蓝绿色和金色，并伴有黑色的斑纹
分布：中国、朝鲜、日本、俄罗斯	
生活环境：腐肉附近	

果蝇

果蝇是一种体形极小的昆虫，成虫身体只有 3 ~ 4 mm，比芝麻大不了多少。因为体形太小，所以对果蝇科昆虫的鉴定也比较困难。虽然果蝇很不起眼，但在全球范围内，已发现的果蝇科昆虫已经超过 1000 种，是一个非常庞大的家族。果蝇喜欢在植物果实上产卵，也正因为如此，才给人一种“烂水果会生果蝇”的印象。

吃水果的小蝇

果蝇主要以酵母菌为食，因此喜欢聚集在腐烂的水果周围，也有一些生活在菌类或肉质类花卉当中。

小档案

分类：双翅目果蝇科	生活环境：有酵母菌滋生的环境
分布：温带及热带气候区	
	特征：体形极小

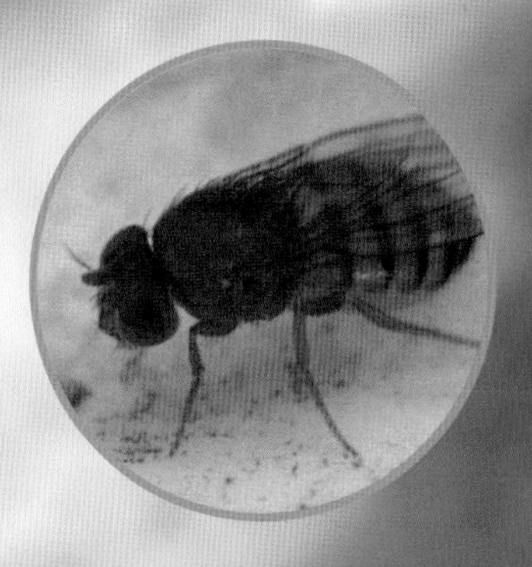

小身体，大贡献

果蝇的体内只有四对形状差别很大的染色体，但这四对染色体会出现多种显性变异，这些变异对遗传学的研究起到了很大的作用。

果蝇的眼睛是极大的红色复眼，但如果基因出现缺陷，就会变成白色或是橙色。

若第二个染色体出现问题，就会出现短翅果蝇或是卷翅果蝇。

扫码查看
知识科普站
昆虫档案馆
百科放映室
主题动画片

长戟大兜虫

长戟大兜虫是世界上最长的甲虫。它们的身体有黑色和褐色两种颜色，鞘翅上还生有不规则的黑色斑点。长戟大兜虫最明显的特点就是它们的雄虫拥有一对非常特殊的角。这对角由向上勾的头角和向下勾的胸角组成，看起来非常威风。因此，长戟大兜虫常受到广大昆虫爱好者的喜爱。

小档案

分类：鞘翅目犀金龟科	特征：有发达的头角和胸角
分布：拉丁美洲	

只有雄性长戟大兜虫才有发达的胸角。

长戟大兜虫的体长一般在 5 ~ 8 cm，较长的个体可超过 10 cm。

世间最长的甲虫

长戟大兜虫是一种非常大的昆虫，目前被发现的长戟大兜虫中，身体最长的一个足有 18 cm，是世界上最长的甲虫。

世间大力士

长戟大兜虫的拉丁学名源于希腊神话中的大力士——赫拉克勒斯，这是因为它们能够举起自身体重上百倍的物体。

阳彩臂金龟

阳彩臂金龟是一种非常珍贵的臂金龟科昆虫，属于我国的特有品种，是国家二级保护动物。这类昆虫的体长可达到 8 cm，体表在阳光下有金属光泽。阳彩臂金龟喜爱居住在亚热带地区的常绿阔叶林中，是罕见的稀有昆虫之一。

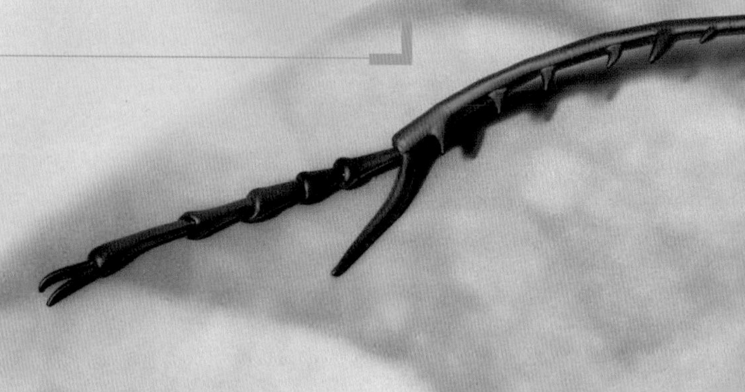

珍稀物种

阳彩臂金龟的数量非常稀少，是国家二级保护动物。早在 1982 年，中国就曾宣布过这种金龟在境内已经灭绝。不过好在近年来阳彩臂金龟在中国南部重新现身，种群数量逐渐增加。

小档案

分类：鞘翅目臂金龟科	生活环境：温暖湿润的环境
分布：中国南部	特征：头部绿色，前足长

金属光泽

阳彩臂金龟的体表颜色非常鲜艳。它们的头部和前胸是绿色的，鞘翅则是黑色的，全身在阳光下都会折射出美丽的金属光泽。

阳彩臂金龟的前胸背板边缘是锯齿形的。

阳彩臂金龟的鞘翅上有斑纹。

大王花金龟

取食花粉的大王花金龟身体多毛，能帮助植物授粉。飞行时发出“嗡嗡”声。边缘黄色、褐色相间；取食无花果等植物。其幼虫（蛴螬）是土地中的主要害虫之一，常将植物的幼苗咬断，使之枯黄死亡。

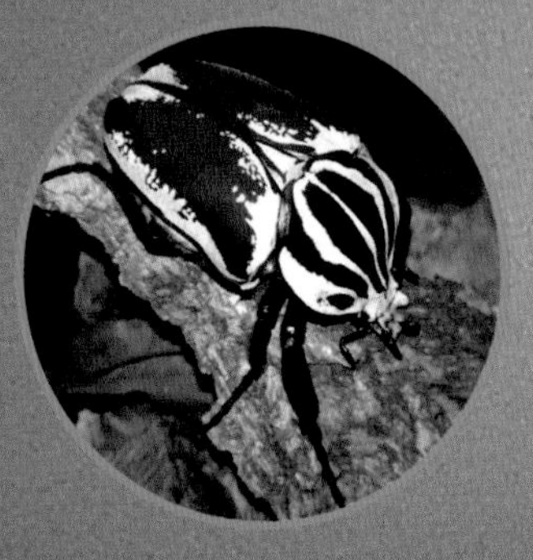

身体特征

将大王花金龟放到手中，就可以发现它的头部很小，约占全身的八分之一；头部有一对短小的触角，口器在触角的下方，很发达；它有两片棕色或淡黑的翅盖，在下面有一对小翅膀。再将它翻过来，这个乱爬的小东西便会假装死去，趁它装死的时候，可以发现它的腹部呈淡黄色或白色，有浅浅的皱褶。

小档案	
分类：鞘翅目金龟科	特征：体宽，背面扁平，大多色彩美丽，有粉状薄层
分布：中国	
食性：植食	

美丽害虫

大王花金龟是一种害虫，有着不逊于兜虫的力量，粗壮的后足和巨大的前足也赋予它们强劲的抓地力，六条细长的足攀附在树木上，会严重危害林木。漂亮的外表下，原来隐藏着树木“杀手”的身份。

身体硕大，远大于一般的金龟科昆虫。

扫码查看
知识科普站
昆虫档案馆
百科放映室
主题动画片

足上的钩爪非常锋利，在格斗的时候会挥舞前足攻击对手，动作很像相扑选手。

雄性大王花金龟有分叉的头角，雌性则无角或者角不发达。

独角仙

独角仙，学名双叉犀金龟，可以称得上是最出名的大型甲虫了。它的头上长着一只威武的长角，胸节上也有一只比较小的角，再加上黑色或者红棕色的甲壳，让这只大甲虫看上去威武不凡。

在野外的独角仙会霸占一些有腐烂水果或者树皮破损流出树汁的地方，用来吸引雌性，雄性则趁着雌性进食的时候交配。如果有其他独角仙也想来分一杯羹，就要先把原来的主人打败才行。

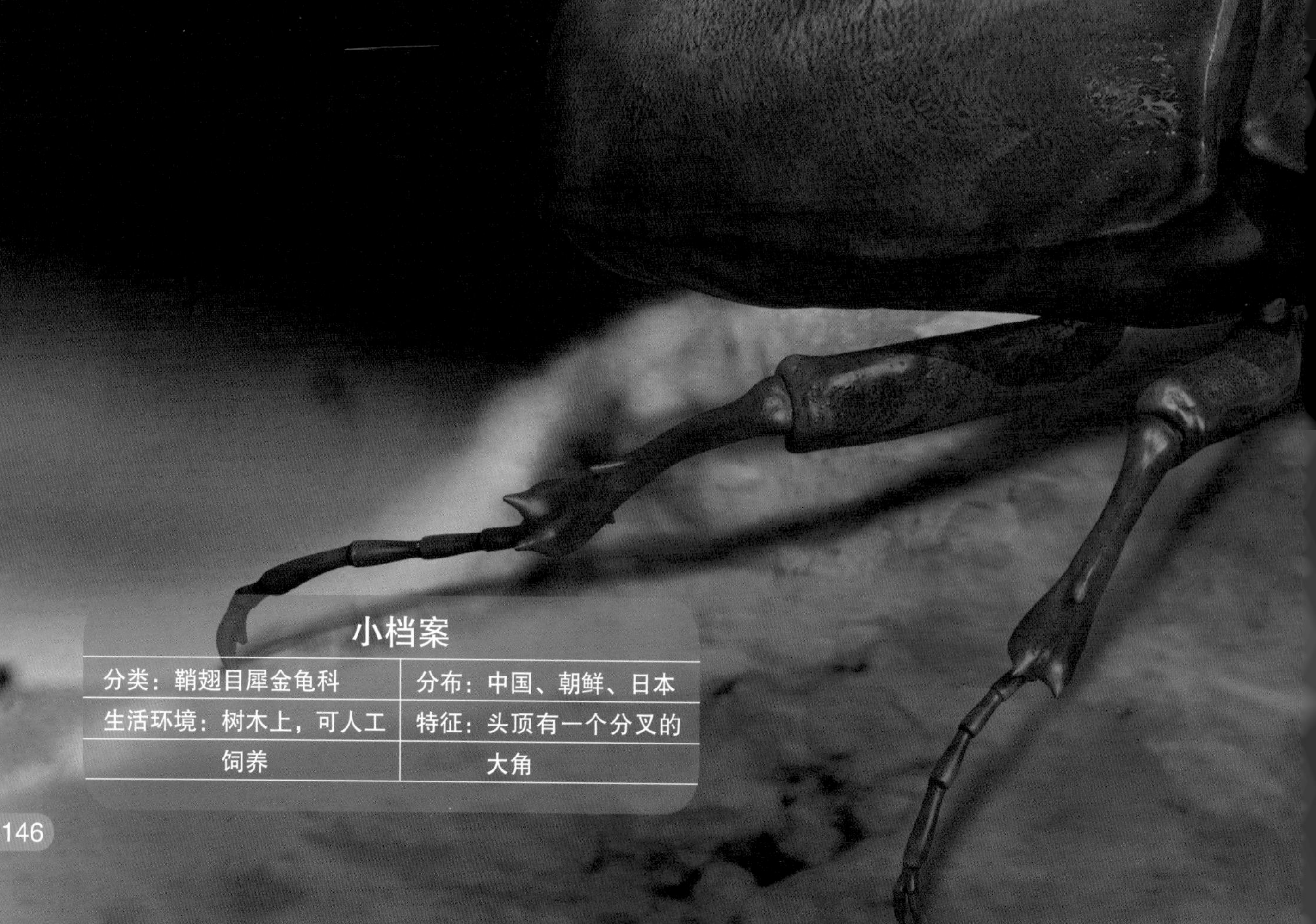

小档案

分类：鞘翅目犀金龟科	分布：中国、朝鲜、日本
生活环境：树木上，可人工饲养	特征：头顶有一个分叉的大角

容易饲养的独角仙

独角仙很容易饲养，在野外采集到的雌性独角仙大多已经交配过，只要给它们提供合适的腐殖土或者发酵木屑，几天之后就会看到土中出现白色的卵。

雄性独角仙前胸背板上也有一个角，在捕捉独角仙的时候抓住这个角就不容易被它伤到。

雄性独角仙前足跗节上的钩爪非常有力，在格斗的时候既能牢牢抓住树皮，也可用来攻击对手。

昆虫大力士

独角仙的身体和角有着惊人的承重能力，它能够举起比自身重百倍的物体，是名副其实的昆虫大力士。

南洋大兜虫

南洋大兜虫也称为阿特拉斯大兜虫，是犀金龟科的一种昆虫。它是一种大型昆虫，长得像希腊神话中的擎天巨人阿特拉斯，因此而得名。南洋大兜虫属于夜行性甲虫，通过卵生方式繁殖后代，广泛分布于东南亚地区。

扫码查看
- 知识科普站
- 昆虫档案馆
- 百科放映室
- 主题动画片

饲养

由于南洋大兜虫的颜值和无敌的战斗力，很多人喜欢饲养它们。因为成虫的寿命只有 4 ~ 6 个月，所以一般是从幼虫开始饲养的，幼虫以腐殖土为食。它们需要蛋白质含量高的食物，才能成长为巨大的成虫。

打架王

南洋大兜虫生性好斗，雄性南洋大兜虫会为了争夺食物、领地及配偶而大打出手，用“三叉戟”抓住对手的身体，用力把对手扔出去。因为它的角的外形酷似三叉戟，所以又名三叉戟犀金龟。

南洋大兜虫全身乌黑，鞘翅坚硬。

小档案	
分类：鞘翅目犀金龟科	生活环境：腐殖土中
分布：东南亚	特征：身形巨大，有三个长而锋利的角

五角大兜虫

五角大兜虫又名细角疣犀金龟。已知的细角疣犀金龟共有五个种，全部分布于中国云南、广西到中南半岛一带，颜色鲜艳。黑亮的前胸背板上有独特的 4 个胸角，加上头部的头角，搭上黄色的鞘翅，造型独特美丽。一般国际标本市场常见的五角大兜虫加工品来自泰国，在中国的西南也有同样的品种，只不过鞘翅颜色稍微深一点，体形也普遍小一点。

繁殖生存

它一年繁育 1 代，成虫通常在每年 6 ~ 8 月出现，多为昼伏夜出，有一定趋光性，主要以树木伤口处的汁液或熟透的水果为食，对作物林木基本不造成危害。幼虫以朽木、腐殖质为食，所以多栖居于草房的屋顶间、木屑堆、肥料堆乃至垃圾堆中。

小档案

分类：鞘翅目犀金龟科	分布：中国云南、广西到中南半岛一带
特征：头部和前胸背板大多有明显突出的分叉角，形似犀牛角	生活环境：树木茂盛地区，可人工饲养

主要价值

它体形巨大，是鞘翅目内“巨虫”家族之一，形状奇特，雄虫角突发达。通常幼虫饲以腐殖土，成虫喂之瓜果，干净、安全。五角大兜虫受到昆虫爱好者的喜爱，常被作为宠物饲养、收藏，具有一定的经济价值。

大青叩头虫

体狭长，略扁。

大部分叩甲科的昆虫为中小型，头小，体狭长，末端尖削且略扁；有些大型种类则体色艳丽，具有光泽。大青叩头虫 体色为深绿色，体表的细毛或鳞片状毛形成不同的花斑或条纹。大青叩头虫属于完全变态昆虫，幼虫身体细长，颜色金黄，生活史较长，2 ~ 5 年完成一代。

叩头

叩头虫俗名磕头虫。被猎物抓住时能正向叩头；翻倒在地，腹部朝天时能反向叩头，使身体翻转，因此深得小朋友们的喜爱，常常被抓来当玩具，在福建等地常被称为“跳跳虫”“跷跷板”。

小档案

分类：鞘翅目叩甲科	生活环境：低海拔地区
分布：中国台湾、福建	特征：头小，体长，身体略扁

体表有明显的金属光泽。

扫码查看

知识科普站
昆虫档案馆
百科放映室
主题动画片

虎甲

虎甲有鲜艳色斑。

虎甲是鞘翅目虎甲科昆虫的统称，是中等大小的甲虫，身上布满鲜艳的颜色。虎甲的头比较大，头部的上颚大并且左右交叉。虎甲是肉食性昆虫，经常在路上觅食小虫，当人接近时，常向前作短距离飞行，故有“拦路虎”之称。

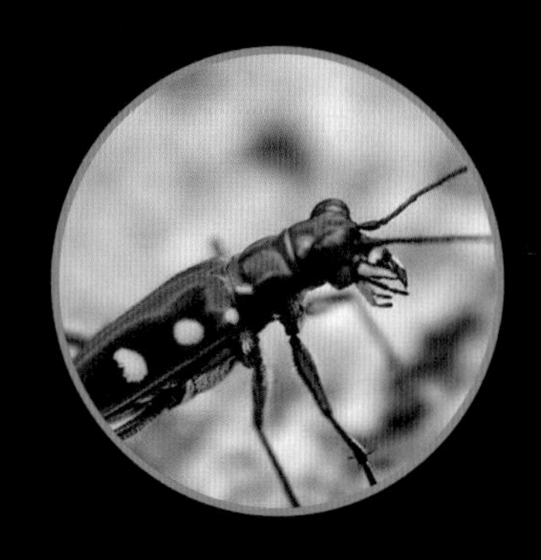

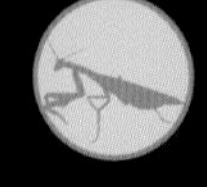

速度惊人

虎甲的移动速度极快，它在高速前进时，有时会导致瞬间失明，所以在追捕猎物的过程中，它不得不时常停下来重新定位猎物，然后继续追杀。

小档案	
分类：鞘翅目虎甲科	食性：肉食
分布：中国	特征：有鲜艳的色斑，头大
生活环境：潮湿环境	

暗藏杀机

虎甲喜欢居住在垂直的洞穴中，这些洞穴深达 60 cm。虎甲会埋伏在穴口等候昆虫和蜘蛛等猎物，当猎物到来时，它们会用镰刀状的有力上颚将猎物捕获。虎甲幼虫的腹部还有一对钩用来固定住穴壁，避免自己因猎物的挣扎而被拉到洞外。当捕获猎物之后，虎甲会将它们拖到自己的洞穴底部慢慢享用。

橡胶木犀金龟

橡胶木犀金龟又名姬兜、姬独角仙，主要分布在热带、亚热带地区，如东南亚和南亚各国，国内多分布在两广地区和海南、云南、福建等地。橡胶木犀金龟身体呈长椭圆形，雌雄异形，最明显的区别是雄性有头角和胸角而雌性无角。橡胶木犀金龟体色有黑褐色和红棕色，十分光亮。

“牛屎爬”

雌性橡胶木犀金龟在产卵时会选择腐殖质多的地方，在云南的农村，牛粪下面腐殖质相对丰富，是它们产卵的理想场所，所以它们会在牛粪下面打洞并产卵，因此当地居民给这种昆虫起了一个外号——牛屎爬。

小档案	
分类：鞘翅目犀金龟科	生活环境：湿润土壤中
分布：东南亚、南亚地区和我国广东、广西、海南、云南、福建等地。	特征：维性有明显的头角和胸角，雌性无角。

姬兜

橡胶木犀金龟最为人所熟知的名字是“姬兜”，这个名字来源于它短小的体形。在犀金龟科昆虫中，橡胶木犀金龟属于体形较小的种类，而“姬”字在古代是对女性的美称，女性相对男性更为娇小，因此人们称其为“姬兜”。

东北大黑鳃金龟

小档案

分类：鞘翅目鳃金龟科	特征：通体黑色
分布：中国北部	

东北大黑鳃金龟是一种主要生活在中国北方地区的鳃金龟科昆虫。这种昆虫的体形很大，椭圆形的身体足有 2 cm 长，全身都是黑色的，背部还十分有光泽。东北大黑鳃金龟的触角是鳃叶形状的，因此而得名。

喜爱潮湿

东北大黑鳃金龟的幼虫非常喜爱凉爽潮湿的环境，尤其喜欢雨天，如果天气开始变热，它们就会钻进土壤深处。

东北大黑鳃金龟的鞘翅上布满刻点。

幼虫

东北大黑鳃金龟的幼虫是乳白色的，有黄褐色的头，身体上长着稀疏的刚毛。幼虫没有足，只有用来移动的钩状刚毛群。

东北大黑鳃金龟的每只足上都有一对爪，爪的中部下方还有垂直生长的爪齿。

黄褐丽金龟

黄褐丽金龟成虫体长 1.5 ~ 1.8 cm，身体呈黄褐色，有光泽。前胸背板隆起，两侧呈弧形，后缘在小盾片前密生黄色细毛。黄褐丽金龟属于地下害虫，各地由于气候、土壤不同，农作物的受害情况有一定差异。

小档案

分类：鞘翅目丽金龟科	食性：植食
分布：中国	特征：鞘翅呈黄褐色

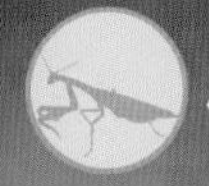

植物害虫

黄褐丽金龟的幼虫是主要的地下害虫之一，它们常将植物的幼苗咬断，导致植物枯黄死亡；成虫也是危害农作物的主要害虫。因此，控制其数量对农业和林业增产至关重要。

生活习性

黄褐丽金龟以幼虫形式在地下越冬，5 月是幼虫频繁活动的时期，5 月底至 6 月初幼虫开始入土化蛹，6 月至 7 月成虫出现，7 月至 8 月出现新一代幼虫。成虫于每日黄昏和夜间活动，趋光性强。

马铃薯甲虫

马铃薯甲虫是鞘翅目叶甲科的一种昆虫，外观呈短卵圆形，体背显著隆起，有光泽，是世界上著名的检疫性害虫。除对马铃薯造成毁灭性灾害外，还危害番茄、茄子、辣椒、烟草等茄科植物。2020 年 9 月 15 日，马铃薯甲虫被我国农业农村部列入一类农作物病虫害名录。

马铃薯甲虫的危害

马铃薯甲虫是分布最广、危害最大的马铃薯害虫。成虫和幼虫都很贪食。种群一旦失控，成虫和幼虫可把马铃薯叶片吃光，尤其是马铃薯始花期至薯块形成期受害最重，对产量影响最大，严重时可导致绝收。

小档案

分类：鞘翅目叶甲科	生活环境：马铃薯等作物上
分布：亚洲、欧洲	特征：足短，转节呈三角形，股节稍粗且侧扁

扫码查看

- 知识科普站
- 昆虫档案馆
- 百科放映室
- 主题动画片

繁殖专家

春季，马铃薯甲虫产卵于叶子背面，单体可产卵 300 ~ 500 粒。老熟幼虫入土化蛹，一年发生 1 ~ 3 代。在合适的条件下，该虫的数量往往急剧增长，若不加以防治，1 对雌雄个体 5 年之后就可产生千亿个个体。

鞘翅卵圆形，隆起。

足短，转节呈三角形，股节稍粗且侧扁。

榛实象鼻虫

身体长有黄色细毛。

榛实象鼻虫是鞘翅目象甲科的一类昆虫，主要分布于辽宁、吉林、黑龙江、北京、内蒙古等地，是天然榛树林及人工榛树经济林中的主要害虫。幼虫会危害榛树果实，成虫取食幼嫩的芽、叶及枝。

虫害防治

对于泛滥的榛实象鼻虫，防治方法尤为重要。因其发生面广，生活史长而复杂，世代重叠交替发生，单纯用化学药剂防治不能达到理想效果，所以必须综合防治。

扫码查看
知识科普站
昆虫档案馆
百科放映室
主题动画片

幼虫危害

它的身材虽小，但危害很大。榛实象鼻虫幼虫危害榛树的果实，成虫补充营养时取食榛树幼嫩的芽、叶及枝，严重影响榛子的产量。

小档案

分类：鞘翅目象甲科	生活环境：树木上，可人工饲养
分布：辽宁、吉林、黑龙江、北京、内蒙古等地	特征：喙部似象鼻

长颈鹿象鼻虫

“素食主义者”

长颈鹿象鼻虫的长脖子让它看上去十分好斗，但它却是一种植食性昆虫，实实在在的“素食主义者”，主要以植物叶片为食。

长颈鹿象鼻虫属于卷叶象甲科，各足股节末端和胫节前端呈黑色，鞘翅呈红色；雄虫头部细长，雌虫头部较短。其雄虫体长约 25 mm，是它所属的科中最长的一种昆虫。

昆虫界“长颈鹿”

长颈鹿象鼻虫是非洲岛国——马达加斯加的特有品种，它最突出的特点就是有像长颈鹿一般的“长脖子”，这个“长脖子”几乎是身体长度的两倍，主要作用不是像长颈鹿一样为了觅食，而是进行攻击。在与同类竞争配偶权的时候，它就会利用“长脖子”和对手进行战斗并取得最终胜利。

小档案

分类：鞘翅目卷叶象甲科	食性：植食
分布：非洲	特征：有长颈鹿一样的“长脖子”

芫菁

芫菁是一种群居性的昆虫，常常成群地啃食植物。在幼虫过多的情况下，它们蜕变完成后便会危害作物。芫菁能够分泌出斑蝥素，根据使用的剂量程度，斑蝥素既能成为治疗病痛的良药，也能成为使人丧失生命的剧毒。

特殊的繁殖方式

芫菁的幼虫趁雌蜂产卵的时候移动到卵上面，以吸食卵汁为生，然后完成自己的第一次蜕皮；完成第一次蜕皮的二龄幼虫以卵边上的蜂蜜为食；三龄幼虫为拟蛹，在壳里面一动不动，蜕壳后成为四龄幼虫，再经历一次睡眠就成为成虫了。

药用价值

历史上有将芫菁作为治疗疾病的药物的记载。从它体内提取的斑蝥素可以用来治疗皮炎与水疱，同时对肿瘤也有一定的治疗效果，常被用来制药。

小档案

分类：鞘翅目芫菁科	特征：身体细长，背部有黄、黑两种颜色，具有鞘翅
分布：世界各地	
食性：成虫植食，幼虫肉食	

蝉是一种在夏季非常多见的鸣虫。每到雨季，蝉就会大批钻出土壤，蜕皮羽化，飞到树上进行一场吵闹的“大合唱”。蝉的若虫生活在土壤里，依靠吮吸植物根部的汁液生活，等到夏天再离开土壤。蝉的羽化方式很奇特，会通过体液的压力将翅膀展开。如果中途被打扰的话，这只蝉就会永远丧失飞行能力。

吵闹的歌唱家

雄蝉的腹部有发声器，即鼓膜。在发声时，鼓膜能够进行高达每秒 1 万次的振动，而蝉腹部的盖板不和鼓膜接触，中间的空隙会使声音产生共鸣，因此蝉能够发出非常响亮的声音。

小档案

分类：半翅目蝉科	生活环境：树木上
分布：温带、亚热带地区	特征：会发出响亮的声音

蟋蟀

蟋蟀是一种极为常见的昆虫，早在一亿年前就已经生活在地球上。从古代起，“斗蟋蟀”这项活动就非常流行。不同种类的蟋蟀长相略有不同，但通常都有两条长须、富有光泽的身体和两只坚实有力的后足。蟋蟀的后翅非常发达，能够进行短距离飞行，但它们常用跳跃的方式逃离危险。

发声

雄性蟋蟀的右翅上生有一个锉一样的短刺，左翅上则有一个刀一样的硬刺。雄性蟋蟀就是靠不断摩擦这两个东西来发出声音的。雌性没有发声器，因此不会鸣叫。

小档案

分类：直翅目蟋蟀科	生活环境：土壤湿润的地方
分布：世界各地	特征：有两条或三条“尾巴”

长长的尾巴

雄性蟋蟀的尾部长有两条长长的尾须，看起来非常飘逸。而雌性蟋蟀在两条尾须之间，还生有一条比尾须更长的产卵器。这是判断蟋蟀雌雄最直接的办法。

沫蝉

沫蝉是一种身体非常细小的昆虫。沫蝉的分布范围非常广泛，只要有植被覆盖的地方几乎就有它们的身影。沫蝉的若虫通常生活在植物根茎附近，啃食植物根茎，而成虫则会飞进稻田里，吸取叶片汁液。由于沫蝉会造成农作物的大片死亡，因此被视为农业害虫。

跳高世界冠军

沫蝉的后足肌肉非常发达，这使它们的跳跃高度达到 700 mm，而有些沫蝉的身长只有 3 mm，纵身一跃的高度是身长的 200 多倍，堪称“跳高世界冠军”。

杀不尽的虫

沫蝉的繁殖期在 6 月，正是稻田开始变绿的时候。它们的繁殖能力很强，体形又很小，难以被发现和捕捉。因此在农民眼中，沫蝉就像“不死虫”一样杀不尽。

沫蝉的身体只有 3 ~ 6 mm 长。

沫蝉的后足发达，爆发力极强。

小档案

分类：半翅目沫蝉科	生活环境：潮湿环境
分布：世界各地	

角蝉

角蝉是角蝉科昆虫的统称，这个家族非常庞大，有将近3000种。角蝉科的昆虫大多有极强的拟态能力，将自己伪装成枯树叶或者植物的凸起以躲避天敌。角蝉喜爱居住在树木枝叶上，喜爱吸食树木的汁液，它们咬出的伤口会被真菌寄生，导致树木生病，因此角蝉科的昆虫被视为危害树木的害虫之一。

角蝉的好朋友

角蝉有一个共生的“好朋友”，那就是蚂蚁。角蝉在吸食树木汁液后，会排出蚂蚁喜爱的蜜露。蚂蚁从角蝉这里得到食物之后，也会肩负起保护角蝉安全的责任。

头顶的角

角蝉的头顶长有像角一样的装饰物。这些“角”颜色各异，是角蝉用来模仿枯叶和树枝的“道具”，其名字也由此而来。

小档案

分类：半翅目角蝉科	食性：植食
分布：中国四川、广东、福建	特征：头顶有长长的角状凸起

暗褐蝈螽

暗褐蝈螽属于蝈蝈的一个品种，翅膀长度超过体长。一般雌性身体大过雄性，雌雄身体颜色也稍有不同。暗褐蝈螽的叫声不比其他蝈螽优美，因为蝈螽在中国市场上是按照鸣叫声音的优美程度来分辨价格高低的，所以说暗褐蝈螽价格不高。蝈螽在中国的种类繁多，人们时常可以在树林里或草丛中听见它们的鸣叫。

颜色变化

暗褐蝈螽有体色变化的特点，出生时大多是褐色，到三龄时期体色会产生分化，绿色成虫在这时开始变绿，而褐色成虫不变色，依然保持原色。

小档案

分类：直翅目螽斯科	特征：体色通常为绿或褐色，条纹上布满褐色斑点，呈花翅状
分布：中国	
生活环境：树林及草丛中，可人工饲养	

美妙的音乐家

蝈蝈能够发出醇美响亮的声音，它叫过几声之后，便会连续地鸣叫，好像一个音乐家在演唱一首美妙的歌曲。它们的鸣叫声还会随着温度的变化而变化。

翅膀伸展出来时长度会超过身体。

咀嚼式口器，以小型昆虫与植物为食。

扫码查看

知识科普站

昆虫档案馆

百科放映室

主题动画片

梨片蟋

梨片蟋是一种鸣叫声音非常悦耳动听的昆虫。它们拥有嫩绿色的枣核形身体，头尾全都尖尖的。梨片蟋的前翅非常发达，能够进行远距离飞行，但后肢却非常弱，总是紧紧地贴在身体两侧，不擅长跳跃。梨片蟋喜欢生活在高大的树木上，平日里依靠体表颜色将自己隐藏在绿叶下面。

住在树上的蟋蟀

梨片蟋从产卵到羽化，一生都生活在树上。雌性梨片蟋会在树枝上咬出小孔来产卵，孵化出的若虫则在嫩叶下生活。

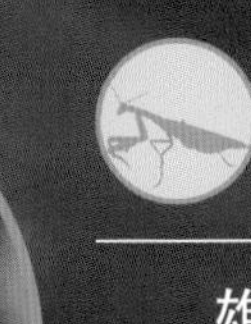

清脆的声音

雄性梨片蟋的发声器位于前翅，由刮器、发声锉和镜膜等多个结构组成。发声时，左右前翅举起，左前翅上的刮片和右前翅上发声锉的音齿相互摩擦，振动镜膜，从而发出清脆的声音。如果把它比作小提琴，那发声锉的音齿就相当于琴弦，刮器就相当于琴弓，而镜膜就是将声音放大的音箱。

头部很小，只比前胸和背板前沿宽一点点。

前翅非常宽大，上面带有褐色的脉纹。

小档案

分类：直翅目蟋蟀科	生活环境：森林
分布：中国南部、印度、日本等地	特征：身体像树叶

大青叶蝉

大青叶蝉是叶蝉科的昆虫，也有人叫它大绿浮尘子、青叶跳蝉，分布十分广泛。别看它长得漂亮，可祸害起果树林木和农作物时却毫不留情。

危害症状

大青叶蝉的成虫和若虫会吸食植物枝梢、茎叶的汁液。它们还在果树上产卵。它们在秋末产卵的时候，就会用锯形的产卵器刺破枝条表皮，产 6 ~ 12 粒卵在其中，还会把卵粒排列整齐。这个时候小树就已经遍体鳞伤了，甚至会死掉。

繁殖规律

大青叶蝉一年繁殖三代，它们的卵在树木枝条或苗木的表皮下越冬。第二年 4 月下旬卵开始孵化，孵化出的若虫 1 小时后就能够危害农作物，并在这些植物上繁殖二代。到 9 月下旬，第三代成虫便飞到菜地危害农作物，10 月中下旬开始飞向果园危害瓜果。

大青叶蝉头部背面有 2 个黑点。

小档案

分类：半翅目叶蝉科	生活环境：植物上
分布：亚洲、欧洲、北美洲等	特征：头部有 2 个黑点

斑蝉

斑蝉是蝉科昆虫中比较漂亮的一种类型，主要分布于中国的广东、广西以及与中国临近的缅甸、印度等国家。由于分布的地区不同，斑蝉的种类十分复杂，但都能发出嘹亮的声音。

复眼内有斑纹。

独特的“嗓音”

斑蝉属于蝉科昆虫，其翅膀能扇动极快，从而发出蝉鸣音，其发声器有特有的阻尼结构，所以能发出高低不同的声音，尤其在夏天，声音十分响亮。

群体庞大

斑蝉是一种群体庞大的昆虫，它的类型很多，不同的地区分布着不同的种类，不同的斑蝉形态以及颜色都有少量不同。

两翅有圆形斑点。

小档案

分类：半翅目蝉科	食性：植食
分布：中国广东、广西，缅甸，印度等	特征：身体黑色，上面有圆形斑点以及黄褐色斑点

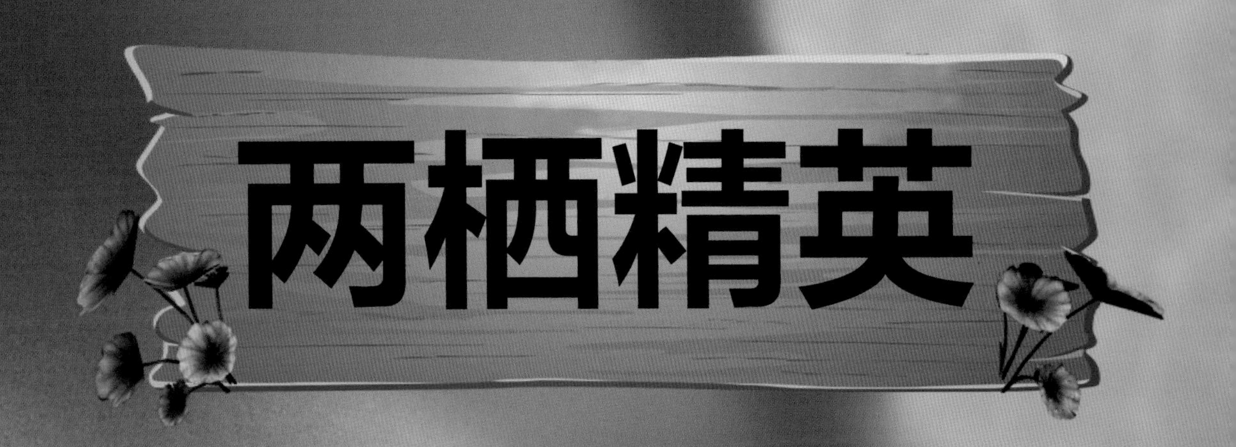
两栖精英

硕蝽

硕蝽属于半翅目荔蝽科。分布在中国、越南、缅甸等地。硕蝽是一种果树害虫，寄主为板栗、白栎、苦槠、麻栎、梨树、梧桐、油桐、乌桕等。若虫、成虫刺吸新萌发的嫩芽，会造成顶梢枯死，严重影响果树的开花结果。

农业害虫

成虫吸食嫩梢和叶片汁液，使梢枯萎，使叶片发白。如果要根治它，冬、春季清除园内落叶及园内外其他植物近地面落叶，生长季节清除园内外杂草。

小档案

分类：半翅目荔蝽科	特征：头小，三角形。触角基部3节深红褐色
分布：中国、越南、缅甸等	
生活环境：树木上	

扫码查看

- 知识科普站
- 昆虫档案馆
- 百科放映室
- 主题动画片

触角基部3节深
红褐色，第4节除基
部外均为橘黄色。
腹部背面
紫红色，侧缘
亮绿色。

扁蝽

扁蝽多生活在腐烂的倒木树皮下，常成群聚居，以细长的口针吸食腐木中的真菌菌丝。口针极长，不用时收缩。卵多为鼓形或长卵形，产于植物表面或组织内。

栖息大师

当它们栖息在树皮或叶上时，这些昆虫多会模拟附近环境的颜色（棕、绿或金属色）和形状（椭圆、宽或稍微有点凸），融入其中。头和前胸构成一个尖端向前的三角形，背上的这种三角形（小盾板）区很大，形成一个盾牌状突起，遮住整个腹部。

小档案

分类：半翅目扁蝽科	分布：世界各地
生活环境：栖息于腐烂树木中	特征：身体扁平，背部有各种瘤突与褶皱

舟猎蝽

舟猎蝽简称蝽，人们称它为“臭板虫”，是猎蝽科的害虫。舟猎蝽多数为植食性，危害果树，刺吸其茎叶或果实的汁液；少数为肉食性，捕食其他小虫；也有一部分生活在水中，捕食小鱼或水生昆虫。

群居的高手

舟猎蝽的卵呈短圆柱形或短卵形，多产在物体的表面，排成一堆，若虫孵化后常聚在一起，所以舟猎蝽的幼虫多而群居。

小档案	
分类：半翅目猎蝽科	食性：植食
分布：中国福建、江苏，缅甸，印度尼西亚等地	特征：体长 7 ~ 8 mm，体色呈黄色，头前方两侧有两个向下生的锐刺

臭屁王

舟猎蝽是有名的臭气专家，它们具有臭腺，在幼虫时位于腹部背板间，成虫时则转移到后胸的前侧片上，遇危险时便分泌臭液，借此自卫逃生，这使它“臭名远扬”。

舟猎蝽的触角第二节长，其长度等于第三、四节长度之和。

舟猎蝽前足较短，其腿节短于后足的腿节，前足腿节粗，其粗度是胫节的3倍以上，内侧具成列的小刺。

瓜褐蝽

瓜褐蝽，为蝽科害虫，常几只或几十只集中在瓜藤基部、卷须、腋芽和叶柄上为害，初龄若虫喜欢在蔓裂处取食。

小档案

分类：半翅目蝽科	特征：身体呈长卵形，紫黑或黑褐色，稍有铜色光泽，密布刻点
分布：主要分布在淮河以南地区	
食性：喜食植物根蔓	

假死保命

瓜褐蝽和菜蝽的共同特征是具有假死技能，当发生危险或者遇到天敌的时候，会遇惊坠地，以此达到保护自己的目的。

瓜褐蝽危害

瓜褐蝽的若虫喜欢在蔓裂处取食；成虫常集中在瓜藤基部、卷须、腋芽和叶柄上吸食汁液，造成瓜藤枯黄、凋萎，对植株生长发育影响很大。

猎蝽

小档案

分类：半翅目猎蝽科	食性：杂食
分布：世界各地	特征：身体上密布黏性毛

猎蝽是猎蝽科昆虫的统称，种类繁多，分布在世界各地，如蜂猎蝽、蚊猎蝽、刺猎蝽等。从名字中的“猎”就能看出，它们是捕食性极强的昆虫，能捕食蚂蚁、蜘蛛等多种动物，是名副其实的昆虫刺客。

农林守卫者

猎蝽的捕食对象大多是农林害虫，如棉铃虫、松毛虫、舞毒蛾等，在猎蝽的捕食下，这些害虫的数量得到控制，在很大程度上保证了农林作物的安全。

水黾

水黾是一种生活在水面上的昆虫，总是安静地卧在水面上，等待猎物的出现。水黾的捕食范围很广，从掉落到水面的小飞虫到漂浮的死鱼、死虾，只要是出现在水面上的肉食都是它们的美味佳肴。水黾的足上有非常敏锐的感觉器官，能够帮助它们感受到水中昆虫的运动频率，这样它们就可以快速滑动，赶过去捕食猎物。

后足最长，用来在水面滑行时控制方向。

身体腹面有一层防水的细密银白色绒毛。

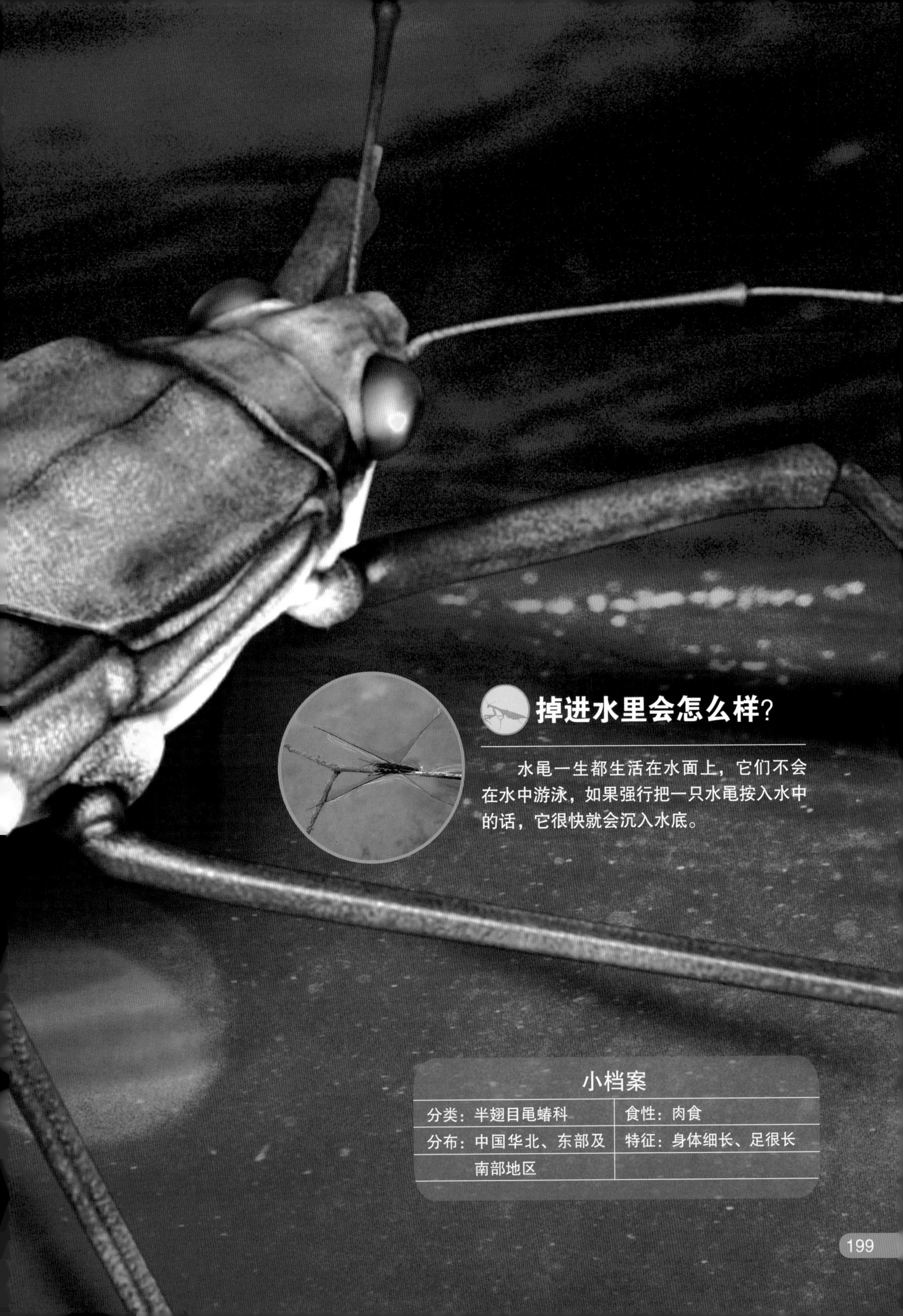

掉进水里会怎么样?

水黾一生都生活在水面上，它们不会在水中游泳，如果强行把一只水黾按入水中的话，它很快就会沉入水底。

小档案

分类：半翅目黾蝽科	食性：肉食
分布：中国华北、东部及南部地区	特征：身体细长、足很长

龙虱

龙虱，俗名水鳖，是鞘翅目龙虱科的昆虫，它既能游泳，又能飞行，多生活在水草多的池塘、沼泽、水沟等淡水水域。龙虱是一种药食两用的昆虫，营养丰富，被誉为“水中人参”。

奇特的呼吸方式

龙虱的腹部长有两个气门，气管是贯通全身的组织。龙虱的鞘翅和腹部间储存着空气，空气中的氧气通过气管供给体内。当龙虱潜到水中时，就带着这部分空气，仿佛带着一个“氧气罐”。龙虱的气管同气泡内部相通，渗入气泡中的氧气会不断流向气管，供龙虱呼吸。

扫码查看

- 知识科普站
- 昆虫档案馆
- 百科放映室
- 主题动画片

小档案

分类：鞘翅目龙虱科	食性：肉食
分布：中国广东、湖南、福建、广西、湖北等地	特征：一对后足专门用来游泳

功效

龙虱常被作为药材，有良好的抗疲劳功能，具有滋补的功效，对肾气亏损等症均有较好效果。龙虱还有美容护肤之功效，能使人精神饱满，面色红润。

复眼突出。

腹部上面长有排气管的开口，叫作气门。

后足侧扁，有长毛，是游泳足。

大田负蝽

大田负蝽又名大田鳖，成虫体长 60 ~ 70 mm，是一种攻击性非常强的大型昆虫。大田负蝽喜爱栖息在光线充足的水域，通常聚集在稻田或鱼塘之中，依靠强有力的前足来捕食鱼虾或者蛙类。

超强攻击力

大田负蝽的攻击力非常惊人，它们的唾液有能够溶解肌肉的能力。因此，如果一个人被大田负蝽咬上一口的话，不仅疼痛难忍，还会造成无法复原的伤口。

小档案	
分类：半翅目负子蝽科	食性：肉食
分布：中国及东南亚各国	特征：头前有一对强有力的前足

水田霸主

大田负蝽是绝对的肉食主义者，通常采用伏击的方式来捕捉水田中的猎物。等抓到猎物之后，大田负蝽会用镰刀状前足夹住猎物，再用唾液溶解猎物并吸食。

划蝽

划蝽是半翅目划蝽科昆虫的统称。体长不足 13 mm，身体扁平光滑。黄褐色的底色上有条纹。后足桨状，使划蝽能够在水底活动。

触觉灵敏

划蝽常分布于池塘和湖边，在水面休息时能够感受到水面的波动，如果有东西扰乱了水的宁静，它们会立即潜入水中观察。

自然界噪声之王

划蝽能够使用外生殖器官“唱歌”。从体长来看，划蝽仅是一种弱小的昆虫而已，但是千万不要被它们弱小的外表所蒙骗，它们可以用仅有头发丝一般纤细的外生殖器官“高歌一曲”，声音很大。

一般体形瘦长，头短。

前足短。

小档案	
分类：半翅目划蝽科	生活环境：水中
分布：世界各地	特征：足的边缘有毛，后足像桨

豉甲

豉甲由于体形小，像豆瓣，所以俗名叫“豉豆虫”。豉甲常常集群生活在水塘、湖等安静的水域，捕食落在湖面的昆虫和其他生物。它们有一上一下两个复眼，可以同时观察水面上和水面下的情况。当受到威胁时，它们会快速回旋游动。成虫受惊时会排出一种气味难闻的乳状液体，是它们的防御技能。

豉甲的前足长、中后足很短。

科学价值

豉甲拥有坚硬不易弯曲的外骨骼，这使得它看起来更像一艘微型硬壳船。利用足部与翅膀产生的推进力，豉甲可以在水面快速旋转。根据豉甲这一特点，工程师们研制出多功能水陆两用车。

翅膀可以帮助游泳。

小档案

分类：鞘翅目豉甲科	食性：肉食
分布：湖面或水塘等平静的水域	特征：身体像豆瓣，呈黑色，有光泽

奇特泳者

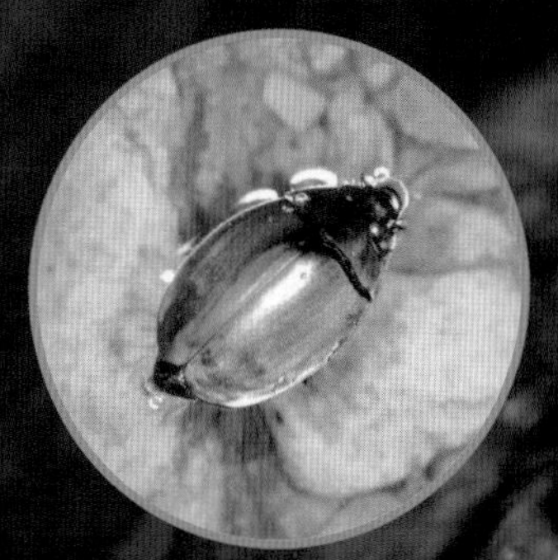

豉甲是生活在淡水水域表面的昆虫，成虫多在夜间群集在水面游泳。它的前足虽然较长，但不是带有长毛的桨状游泳足，中后足短小而扁，末端呈钳状，所以只能在身体腹面进行微小的搅水运动，使水中出现旋涡带动虫体旋转。